贵州省"十四五"职业教育规划立项建设教材

大学生信息技术

主　编　段永平　龙根炳
副主编　张金艳　王汝山　滕　腾　张　恒
　　　　申林江　何文东

北京理工大学出版社
BEIJING INSTITUTE OF TECHNOLOGY PRESS

内 容 简 介

本书基于信息技术新课标的基础模块编写，全书共分 6 个项目，分别为文档处理、电子表格处理、演示文稿制作、信息检索、新一代信息技术、信息素养与社会责任。

根据《高等职业教育专科信息技术课程标准（2021 年版）》要求，高等职业教育专科信息技术课程是各专业学生必修或限定选修的公共基础课程。学生通过学习本课程，能够增强信息意识、提升计算思维、促进数字化创新与发展能力、树立正确的信息社会价值观和责任感，为其职业发展、终身学习和服务社会奠定基础。本书在编写过程中落实了课程思政要求并突出职业教育特点，优先选择适应我国经济发展需要、技术先进、应用广泛、自主可控的软硬件平台、工具和项目案例。教材设计与高等职业教育专科的教学组织形式及教学方法相适应，突出理实一体、项目导向、任务驱动等有利于学生综合能力培养的教学模式。

版权专有　侵权必究

图书在版编目（CIP）数据

大学生信息技术 / 段永平，龙根炳主编. -- 北京：北京理工大学出版社，2023.11
　　ISBN 978-7-5763-3186-8

Ⅰ.①大… Ⅱ.①段… ②龙… Ⅲ.①电子计算机-高等职业教育-教材 Ⅳ.①TP3

中国国家版本馆 CIP 数据核字（2023）第 219880 号

责任编辑：王玲玲　　　文案编辑：王玲玲
责任校对：刘亚男　　　责任印制：边心超

出版发行 / 北京理工大学出版社有限责任公司
社　　址 / 北京市丰台区四合庄路 6 号
邮　　编 / 100070
电　　话 / （010）68914026（教材售后服务热线）
　　　　　（010）68944437（课件资源服务热线）
网　　址 / http://www.bitpress.com.cn

版 印 次 / 2023 年 11 月第 1 版第 1 次印刷
印　　刷 / 定州市新华印刷有限公司
开　　本 / 787 mm×1092 mm　1/16
印　　张 / 17.5
字　　数 / 405 千字
定　　价 / 55.80 元

图书出现印装质量问题，请拨打售后服务热线，负责调换

前言

当前，信息化已成为经济社会转型发展的主要驱动力。进入数字化时代，数字经济蓬勃发展，数字技术快速迭代，在生活、工作中扮演着越来越重要的角色，从而对劳动者所需掌握的数字技能也提出了新要求、新标准。党和国家高度重视提升全民数字技能，党的二十大报告强调，构建新一代信息技术、人工智能等一批新的增长引擎，"加快发展数字经济，促进数字经济和实体经济深度融合，打造具有国际竞争力的数字产业集群"。

建设数字中国，根本在人，核心是提升全体国民的信息素养。为满足国家信息化发展战略对人才培养的要求，我们根据教育部最新《高等职业教育专科信息技术课程标准（2021年版）》的要求和内容组织编写本书。高等职业教育信息技术课程是各专业学生必修或限定选修的公共基础课程。学生通过学习本课程，能够增强信息意识，提升计算思维，促进数字化创新与发展能力，树立正确的信息社会价值观和责任感，为其职业发展、终身学习和服务社会奠定基础。

全书共包含6个项目，分别为文档处理、电子表格处理、演示文稿制作、信息检索、新一代信息技术、信息素养与社会责任。内容以项目任务形式为载体，采用相关知识与实操演练方式开展教学，知行合一，尤其注重提升学生的实践能力和创新意识，培养学生的数字化学习能力和利用信息技术解决实际问题的能力。

对于理论讲解型的教学内容，以信息技术基础知识为主线，精心设计教材内容，选择与计算机应用、信息技术密切相关的基础性知识，并对新一代信息技术如人工智能、量子信息、移动通信、物联网、区块链等进行介绍，让学生了解现代信息技术发展的重要内容，理解利用信息技术解决各类自然与社会问题的基本思想和方法，获得当代信息技术前沿相关知识，拓宽专业视野，并培养学生借助信息技术对信息进行管理、加工、利用的意识。

对于实践任务型的教学内容，以实际工作中的任务案例为载体，将知识点完全融入其中，使学生可以边实践、边学习、边思考、边总结、边构建，增强处理同类问题的能力，积累工作经验，养成良好的工作习惯，为将来的职业生活奠定基础。

  本书由铜仁职业技术学院段永平、龙根炳主编，由北京广通文化传播有限公司张金艳，铜仁职业技术学院王汝山、滕腾，贵州城市职业学院张恒，尚影文化传播有限公司申林江，铜仁职业技术学院何文东担任副主编。

  本书在编写过程中，参考了大量国内外相关文献，受益匪浅，特向相关作者表示诚挚谢意。由于编者水平有限，书中难免有不足之处，敬请广大读者、师生批评指正。

编　者

目录

项目一　文档处理 ··· 1
　　任务一　制作工作简报 ··· 2
　　任务二　制作求职简历 ··· 17
　　任务三　批量制作录用通知书 ··· 35
　　任务四　编排员工手册 ··· 41

项目二　电子表格处理 ··· 55
　　任务一　制作职业技能培训登记表 ································· 56
　　任务二　编辑工作考核表 ··· 73
　　任务三　统计分析产品销量表 ··· 87
　　任务四　分析地区销量表 ··· 108

项目三　演示文稿制作 ··· 135
　　任务一　制作景区介绍演示文稿 ····································· 136
　　任务二　动画设计"绩效管理手册" ································· 166
　　任务三　放映输出环保宣传演示文稿 ····························· 183

项目四　信息检索 ··· 199
　　任务一　信息检索基础知识 ··· 200
　　任务二　搜索引擎使用技巧 ··· 206
　　任务三　专用平台信息检索 ··· 212

项目五　新一代信息技术 ··· 221
　　任务一　新一代信息技术的基本概念 ····························· 222
　　任务二　新一代信息技术的主要代表技术及典型应用 ····· 224

项目六　信息素养与社会责任 ··· 237
　　任务一　认识信息素养 ··· 238
　　任务二　信息技术发展史 ·· 246
　　任务三　信息伦理与职业行为自律 ··· 249

项目一拓展工单　文档处理 ··· 259

项目二拓展工单　电子表格处理 ·· 261

项目三拓展工单　演示文稿制作 ·· 263

项目四拓展工单　信息检索 ··· 265

项目五拓展工单　新一代信息技术 ··· 267

项目六拓展工单　信息素养与社会责任 ·· 269

参考文献 ·· 271

项目一 文档处理

项目概述

　　Word 具有强大的文字、表格、对象编辑处理、邮件合并功能和长文档编排的自动化功能，在机关、企事业单位的行政、人事、宣传、商业等日常工作以及个人事务中得到广泛应用。Microsoft Office Word 2016 是一款优秀的文字处理软件，利用它可以轻松地制作各种形式的文档，满足日常办公的需要，实现"所见即所得"的编辑效果。本项目主要介绍 Word 2016 的基础知识、常用编辑和排版文档的基础操作。

学习目标

知识目标

1. 掌握 Word 2016 的基本操作。
2. 能快速、准确完成文档创建、属性设置、内容输入和编辑。
3. 掌握利用邮件合并功能批量处理文档的方法。
4. 掌握编排长文档的方法。

能力目标

1. 会利用图文编辑软件进行文、图、表的混合排版和美化处理。
2. 能熟练使用 Word 2016 进行学习及办公。

素质目标

1. 通过编辑排版文档的操作，培养审美情趣，懂得欣赏美。
2. 用积极向上的良好心态去面对生活。

任务一　制作工作简报

任务描述

本任务通过学习制作工作简报，要求学生掌握 Word 文档的新建和保存方法，掌握文本的输入、复制、移动，掌握文本格式与段落格式的设置方法。

知识储备

一、Word 的启动与退出

（一）Word 的启动

启动 Word 有以下 3 种方式：

（1）创建 Word 2016 桌面快捷方式后，则双击桌面上的 Word 2016 图标，即启动 Word 2016，进入 Word 2016 窗口。

（2）如果桌面上没有 Word 2016 图标，单击"开始"按钮■，在打开的"开始"菜单中选择"所有程序"，选择"Word 2016"选项，即可打开 Word 2016 启动界面。选择合适的模板后，打开 Word 2016 窗口。

（3）如果"开始"菜单中有 Word 2016 的应用程序磁贴，则单击该磁贴也可以启动 Word 2016。（Windows 10 操作系统中有应用程序磁贴。）

用以上方法打开的 Word 2016 窗口如图 1-1 所示。

（二）Word 的退出

Word 2016 版本中，如果关闭所有 Word 文档，就会自动退出 Word 2016。关闭 Word 文档常用方法有：

（1）在 Word 2016 窗口中选择"文件"菜单"关闭"命令。

（2）单击窗口右上角的"关闭"按钮。

（3）右击窗口标题栏空白处，在打开的窗口控制菜单中选择"关闭"命令。

如果在关闭前文档曾修改过，但没有保存，则系统会显示图 1-2 所示的提示对话框，如果需要保存修改过的文档，则单击"保存"按钮；如果不需要保存，则单击"不保存"

按钮；如果不想关闭 Word 文件，则单击"取消"按钮。

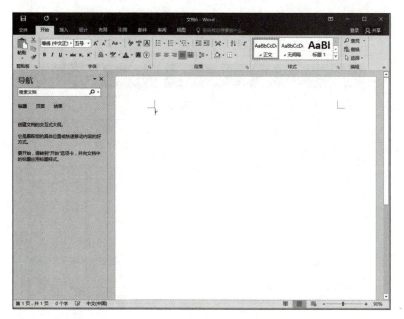

图 1-1　Word 2016 窗口

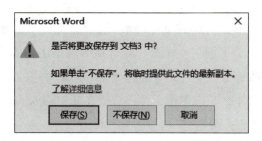

图 1-2　提示对话框

二、Word 工作窗口的基本构成

成功启动 Word 2016 后，屏幕上就会出现图 1-1 所示的窗口。在 Word 2016 窗口中包含标题栏、快速访问工具栏、选项卡、功能区、标尺、滚动条、文档编辑区、状态栏等，如图 1-3 所示。

（一）标题栏

标题栏位于 Word 2016 窗口的顶部，其中间显示正在编辑的文档名（例如"新建 Microsoft Word 文档"）和应用程序名（Word），左侧是快速访问工具栏，右侧是"功能区显示选项"按钮、"最小化"按钮、"最大化"按钮/"还原"按钮和"关闭"按钮。快速访问工具栏，是用来快速操作一些常用命令的，默认包含"保存"按钮、"撤销"按钮和"重复"按钮,用户可以根据需要自己定义快速访问工具栏,增加需要的按钮或删除不需要的按钮。

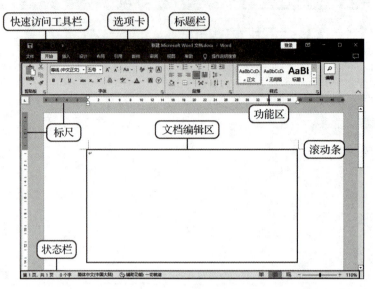

图1-3 Word 2016窗口组成

(二)选项卡

选项卡位于标题栏的下方。Word 2016 默认包括"文件""开始""插入""设计""布局""引用""邮件""审阅""视图"等选项卡。单击"文件"选项卡可打开"文件"后台视图,单击其他选项卡可打开对应的功能区,或对应的功能与命令。选项卡右侧是一个"告诉我您想要做什么"文本框,可以直接在其中输入关键字进行搜索,可以搜索出对应关键字的命令或者相关帮助选项。

(三)功能区

每个选项卡中包含不同的操作命令组,称为功能区。例如,"开始"选项卡中主要包括"剪贴板""字体""段落""样式""编辑"等组。有些组右下角带有"对话框启动器"按钮 ,表示有命令设置对话框(或窗格),单击该按钮打开对话框(或窗格)可以进行相应的功能设置。

(四)标尺

标尺位于编辑区的上方(水平标尺)和左侧(垂直标尺)。利用标尺可以查看或设置页边距、表格的行高、列宽及插入点所在的段落缩进等。打开 Word 文档时,标尺是隐藏的,可以通过选中"视图"选项卡"显示"组中的"标尺"复选框来显示。

(五)滚动条

滚动条分为水平滚动条和垂直滚动条。用户通过移动滚动条的滑块或单击滚动条两端

滚动箭头按钮,可以滚动查看当前屏幕上未显示出来的文档。

(六)文档编辑区

文档编辑区是输入文本和编辑文本的区域,位于功能区的下方。编辑区中闪烁的光标叫插入点,插入点表示输入时正文出现的位置。

(七)状态栏

状态栏位于 Word 2016 窗口底部,显示当前正在编辑的 Word 文档的有关信息,左侧显示当前页号、总页数和字数等信息,右侧包含视图切换按钮、显示比例设置滑块和设置按钮。

三、Word 文档中文本的基本操作

文本的基本操作原则:先定位后输入,先选中后操作。

(一)光标快速移动定位

1. 用键盘快速移动光标

按↑或↓方向键,光标向上或向下逐行移动。

按 Home 键,光标快速移动定位到行首。

按 End 键,光标快速移动定位到行尾。

按 PageUp 键,光标快速移动定位到前一页(即前一屏)。

按 PageDown 键,光标快速移动定位到后一页(即后一屏)。

按 Ctrl+Home 组合键,光标快速移动定位到文首。

按 Ctrl+End 组合键,光标快速移动定位到文尾。

2. 用鼠标快速移动文档页面定位光标

用鼠标移动文档页面,在文档页面的目标位置单击鼠标将光标定位。用鼠标移动文档页面可以采用如下方法:

方法 1:往前或往后推动鼠标滚轮,或单击垂直滚动条上下按钮,向上或向下逐行移动文档页面。

方法 2:单击垂直滚动条滑块上方或滑块下方的空处,向上或向下逐屏移动文档页面。

方法 3:将鼠标指针移到垂直滚动条滑块上方或滑块下方的空处,按住鼠标左键,快速连续向上或向下移动文档页面。

方法 4:将鼠标指针移到垂直滚动条滑块上,按住鼠标左键向上或向下拖曳滑块,快速连续向上或向下移动文档页面。

3. 用文档结构切换快速定位光标

选择"视图"选项卡"显示"组，选中"导航窗格"复选框，系统打开"导航"窗格并将其放在文档编辑区左边。在"导航"窗格中选择"标题"选项卡，若有文档结构标题，选择显示的文档结构标题，快速定位光标到所选标题的前面；选择"页面"选项卡，显示页面小视图，单击选择某页面小视图，快速定位光标到所选页面的前面，该页面从屏幕第 1 行开始显示。

（二）快速选择文本

1. 用鼠标快速选择文本

将鼠标指针移到要选中行的行首设置，鼠标指针变为向右倾斜的空心箭头形状。单击鼠标左键，选择鼠标指针指向的一行文本；双击鼠标左键，选择鼠标指针指向的一段文本；三击鼠标左键，选择文档全部内容；按住鼠标左键拖动，连续选择文本行。

将鼠标指针移到文档编辑区，鼠标指针变为 I 形状。将鼠标指针移至要选择的文本区域前面，按住鼠标左键拖曳到要选文本区域的后面，松开鼠标左键。这种方法用于选择连续区域文本。

选择全文格式相同和相似的文本：将光标定位在某一格式的文本处，选择"开始"选项卡，单击"编辑"组中的"选择"按钮，在弹出的下拉列表中选择"选择所有格式类似的文本"命令。

2. 用键盘快速选择文本

最常用、最快速的键盘选择法：按 Ctrl+A 组合键，选择全文。（其他键盘选择法略。）

3. 用鼠标和键盘联合快速选择文本

选择连续区域文本：在要选中文本的前面单击鼠标左键定位光标，按住 Shift 键，再在要选中文本的后面单击鼠标左键，这叫"首尾选择法"。

选择非连续多个区域文本：按住 Ctrl 键，然后按住鼠标左键拖选，完成每一部分文本选择后松开鼠标左键，全部选择完成后松开 Ctrl 键。例如选择文档中的多个小标题文本。

选择矩形区域文本：按住 Alt 键，然后按住鼠标左键拖曳，选择所需矩形区域文本后，松开鼠标左键。

（三）文本的快速修改

要在全文修改某字符，如果人工逐个查找修改，不仅费时费力，还容易漏掉。使用"查找与替换"对话框，可快速实现某字符全文自动修改。简单字符修改单击"全部替换"按钮一次完成；复杂字符（如手工输入的多级数字编号等）修改，一般使用"查找下一处"按钮和"替换"按钮，逐个确认修改。

（四）文本的复制与粘贴

命令按钮法：选择当前编辑文档文本或其他文档文本，选择"开始"选项卡，单击"剪贴板"组中的"复制"按钮（或按 Ctrl+C 组合键），然后将光标定位到编辑文档的目标位置，选择"开始"选项卡，单击"剪贴板"组中的"粘贴"按钮（或按 Ctrl+V 组合键）。这种方法适用于距当前编辑文档较远页面距离和跨文档的文本复制。

Ctrl 键+鼠标拖曳法：选择当前编辑文档中文本，按住 Ctrl 键的同时按住鼠标左键拖曳至目标位置，释放 Ctrl 键和鼠标左键。这种方法适用于当前编辑文档屏幕可见范围内近距离文本复制。

（五）文本的快速移动

文本的移动是调整改变文本在版面中的位置，可用命令按钮法或鼠标直接拖曳法实现。

命令按钮法：选择当前编辑文档中的文本，选择"开始"选项卡，单击"剪贴板"组中的"剪切"按钮（或按 Ctrl+X 组合键），然后将光标定位到文档的目标位置，选择"开始"选项卡，单击"剪贴板"组中的"粘贴"按钮（或按 Ctrl+V 组合键）。命令按钮法适用于当前距编辑文档较远页面距离和跨文档的文本快速移动。

鼠标直接拖曳法：选择当前编辑文档中文本，按住鼠标左键拖曳选择的文本至目标位置，释放鼠标左键。鼠标直接拖曳法适用于当前文档屏幕可见范围内近距离的文本快速移动。

（六）文本的删除

在文本编辑区，按一次 Backspace 键（退格键），删除光标左边一个字符，可连续操作。

按一次 Delete 键（删除键），删除光标右边一个字符，可连续操作。

选择要删除的文本范围，按 Backspace 键或 Delete 键，删除选中的文本。

知识链接

编辑定位

如果要在文档中进行编辑，用户可以使用鼠标或键盘找到文本的修改处，若文本较长，可以先使用滚动条将要编辑的区域显示出来，然后将鼠标指针移到插入点处单击，这时光标移到指定位置。用键盘定位插入点有时更加方便，常用键盘定位快捷键及其功能见表 1-1。

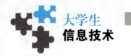

表 1-1　常用键盘定位快捷键及其功能

按键	功能	按键	功能
→	向右移动一个字符	Home	移动到当前行首
←	向左移动一个字符	End	移动到当前行尾
↑	向上移动一行	PageUp	移动到上一屏
↓	向下移动一行	PageDn	移动到下一屏
Ctrl+→	向右移动一个单词	Ctrl+PageUp	移动到屏幕的顶部
Ctrl+←	向左移动一个单词	Ctrl+PageDn	移动到屏幕的底部
Ctrl+↑	向上移动一个段落	Ctrl+Home	移动到文档的开头
Ctrl+↓	向下移动一个段落	Ctrl+End	移动到文档的末尾

任务实施：制作工作简报

启动 Word 2016，制作“工作简报”文档，参考效果如图 1-4 所示。

××食品公司

工 作 简 报

第 1 期

社会管理部　　2023 年 1 月 25 日

关于公司产品经济利益的相关成果

我公司去年的工作，总的来说是围绕提高经济效益这个中心点，以提高产品质量为重点，以搞活市场为目标，开展整个公司的经营活动。但仍然存在诸多问题，这里对这些问题提出一些解决建议。

一、集中力量，编制了各项规划，并积极组织落实

去年初我们组织人力，经过调查研究，制订了全年的生产销售计划、产品质量升级规划、增加品种的规划及科技工作规划等，在此基础上，层层组织落实。现在看来，各项计划执行得还比较好。

二、克服困难组织生产，创造较好的经济效益

去年各工厂克服了供电偏紧、某些原材料不足等困难，经过一年的努力生产，公司总产值实现了 8500 万元，完成年计划的 98.2%，基本完成任务，而且还比前年同期略有增加，增长幅度为 1.4%。几个主要产品产量除肉制品由于肉源供应不足而有所减产外，其他都超额完成了 3%-5%，基本完成全年计划，相比前年同期也都有不同程度的增长。总的来说，公司去年实现利润 4500 万元，完成年计划的 95.7%，比前年同期增长 0.56%。

三、围绕市场需求，搞好食品供应

去年春节的物资供应比过去任何一年都好，不仅货源足，而且品种比较齐全，做到了领导、商店、群众“三满意”。

四、狠抓产品质量，多创优质产品

在年初，我们组织各厂开展了产品质量联查和创优活动。并按品种分类，制订了各种食品的质量标准，汇编成册后，发给各工厂执行，实现产品生产标准化、科学化，稳定和提高了产品质量。我们有 6 个产品被评为国家级的优质产品、8 个产品被评为部级优质产品、21 个产品被评为省级优质产品、56 个产品被评为全省食品工业战线的优质产品。

五、全面开展“创四新”活动，增加品种

去年的“创四新”（新产品、新品种、新造型、新装潢）活动，我们采取了“三个积极”（积极恢复传统产品、积极引进外地产品、积极研制新产品）的方法，共研究制作出了八十多个新品种，如电视枪、磷脂糖、巧克力糖、杨梅露、鲜桔汁、南豆腐等，这些新产品投放市场后，很受欢迎。特别是儿童节前，生产了一百多样儿童食品和传统食品，主要在两个副食品商店展销，有一部分产品还送到北京展销，都很受消费者欢迎，北京展销方几次来电要货。

六加强了科技管理工作

今年以来，公司建立健全科管机构，充实了人员，制定了科研规划，申请了 50 万元的科研项目补助费。组织了两个项目的技术鉴定，对推动食品科研和整个食品工业的发展起到了一定的作用。

七、进行企业整顿，开展企业调查

加强经营管理，提高经济效益。并且，对亏损的企业，试行了盈亏两条线的包干办法，促进企业不断改善经营管理。

八、工作上存在的主要问题

1.有的部门领导思想满足现状，缺乏进取心，跟不上发展。

2.有的产品质量不稳定，时好时坏。

3.某些原材料供应不足，影响生产正常进行。

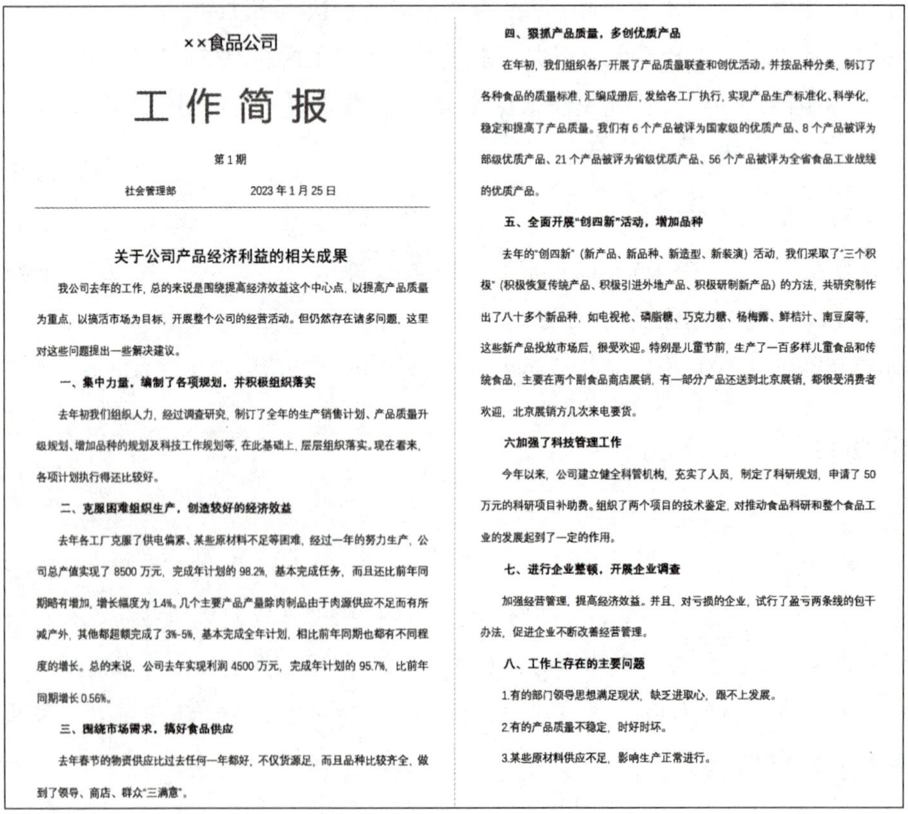

图 1-4　“工作简报”文档参考效果

一、创建并保存"工作简报"文档

先启动 Word 2016 并新建文档,然后以"工作简报"为名对文档进行保存,其具体操作如下。

(1) 单击"开始"按钮,选择"开始"→"Word 2016"命令,启动 Word 2016。

(2) 选择 Word 2016 启动界面中的"空白文档"选项,新建一个空白文档,如图 1-5 所示。

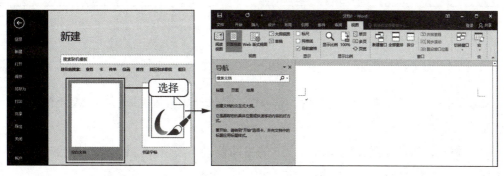

图 1-5　新建文档

> **小贴士**
>
> 在 Word 2016 窗口中选择"文件"→"新建"命令,或按 Ctrl+N 组合键也可新建文档。选择"文件"→"新建"命令后,在打开的"新建"界面右侧选择一个模板选项,在打开的提示对话框中单击"创建"按钮,Word 2016 将自动从网上下载所选的模板,然后根据所选模板创建一个新的 Word 文档,文档中包含了已设置好的内容和样式。

(3) 选择"文件"→"保存"命令,打开"另存为"界面,"另存为"列表中提供了"OneDrive""这台电脑""添加位置"和"浏览"4 种保存方式,选择"浏览"选项,打开"另存为"对话框。

(4) 在地址栏中选择文档的保存路径,在"文件名"文本框中输入文档的保存名称"工作简报",单击"保存"按钮完成保存,如图 1-6 所示。

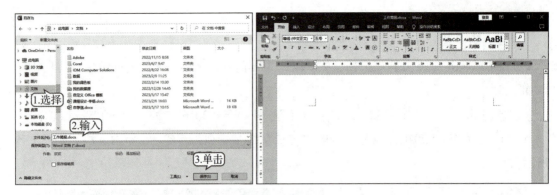

图1-6 保存文档

二、输入文本

新建并保存"工作简报"文档后,就可以在该文档中输入文本,丰富文档的内容,其具体操作如下。

(1)将鼠标指针移至文档编辑区上方的中间位置,当鼠标指针变成I形状时双击,将文本插入点定位到此处。

(2)将输入法切换至中文输入法,输入文档标题"××食品公司工作简报"。

(3)将鼠标指针移至文档标题下方左侧需要输入文本的位置,当鼠标指针变成I形状时双击,将文本插入点定位到此处,如图1-7所示。

图1-7 定位文本插入点

— 10 —

（4）输入正文文本第 1 行，按 Enter 键换行，使用相同的方法输入其他正文文本。也可以打开素材文件"工作简报.txt"（配套资源：\素材\项目一\工作简报.txt），按 Ctrl+A 组合键全选，按 Ctrl+C 组合键复制；切换到"工作简报"文档窗口，按 Ctrl+V 组合键粘贴文本。效果如图 1-8 所示。

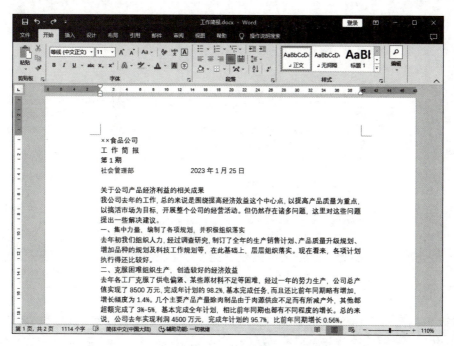

图 1-8　输入正文文本

三、设置文本格式

完成文本的输入与编辑操作后，还需要对"工作简报"文档的格式进行设置，包括文本格式、段落样式等，从而使文档格式规范、效果美观，其具体操作如下。

（1）选择"开始"选项卡，单击"字体"组的"字号"下拉列表框，在弹出的下拉列表中选择"小四"选项；对"一、""二、""三、"……标题段进行字体加粗设置，单击"加粗"按钮 B ，如图 1-9 所示。

（2）选择"关于公司产品经济利益的相关成果"，在"开始"选项卡"字体"组中设置其字体为"黑体"，字号为"三号"，如图 1-10 所示。

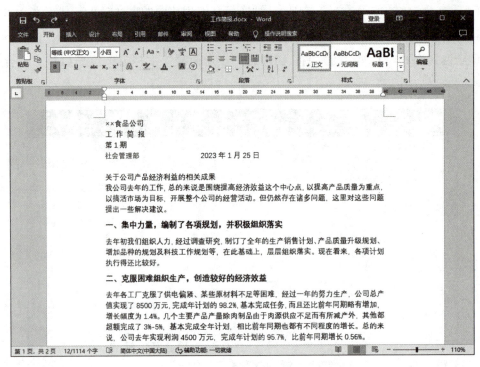

图 1-9 设置正文字体

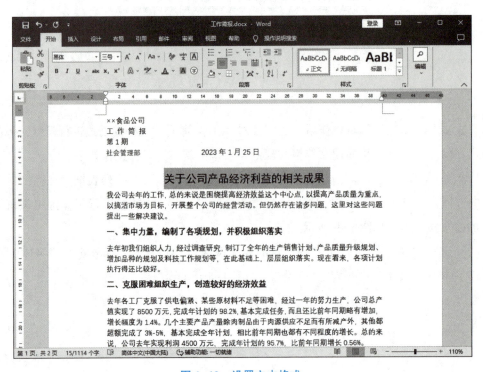

图 1-10 设置文本格式

（3）选择前 4 行文本，如图 1-11 所示，并单击"居中对齐"按钮，文本居中对齐，如图 1-12 所示。

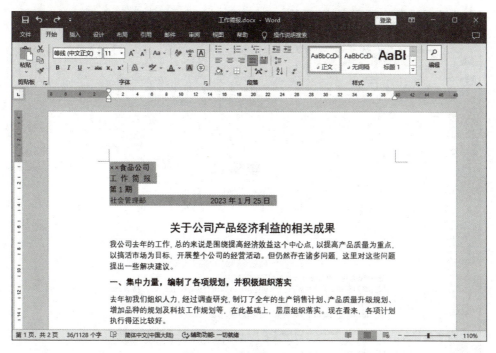

图 1-11　选择前 4 行文本

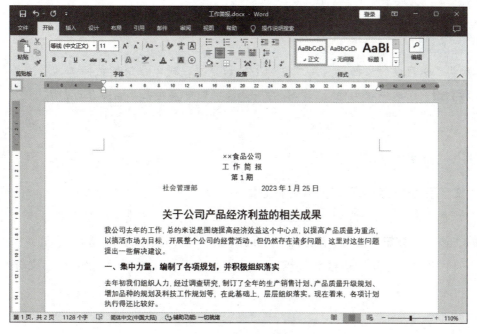

图 1-12　文本居中对齐

(4)设置"××食品公司"字体为"微软雅黑",字号为"小二"。设置"工作简报"字体为"微软雅黑",字号为"小初",颜色为"红色"。效果如图1-13所示。

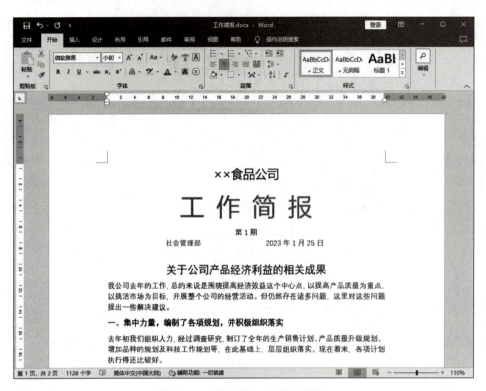

图1-13 设置字体、字号及颜色

> **小贴士**
>
> 编辑已保存过的文档后,只需按Ctrl+S组合键,或单击快速访问工具栏上的"保存"按钮,或选择"文件"→"保存"命令,即可直接保存编辑后的文档。

四、添加红色边框

为文字添加边框效果可以突出显示文本。

(1)选中"社会管理部   2023年1月25日"文本,单击"开始"选项卡"字体"组中的"边框"按钮右侧下拉按钮,在弹出的下拉列表中选择"边框和底纹"命令,如图1-14所示。打开"边框和底纹"对话框,边框样式选择"自定义",如图1-15所示。

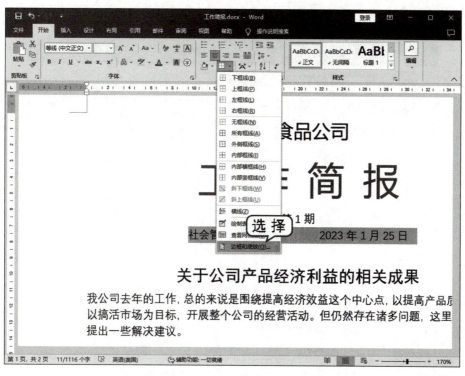

图 1-14 选择"边框与底纹"命令

图 1-15 选择"自定义"

(2)单击"颜色"下拉列表框,如图 1-16 所示。

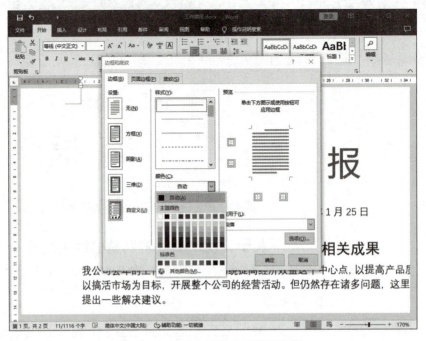

图 1-16　单击"颜色"下拉列表框

(3)颜色选择"红色",宽度选择"1.0 磅",如图 1-17 所示,并在"预览"区域选择"下边框"样式,单击"确定"按钮。

图 1-17　选择颜色和宽度

五、打印文档

（1）在"布局"选项卡"页面设置"组中单击"页边距"按钮，在弹出的下拉列表中选择"窄"，单击"纸张大小"按钮，在弹出的下拉列表中选择"16开"。

（2）选择"文件"→"打印"命令，打开"打印"界面。在界面中间可看到之前设置的纸张大小和页边距，在界面右侧可预览文档的打印效果，如图1-18所示。

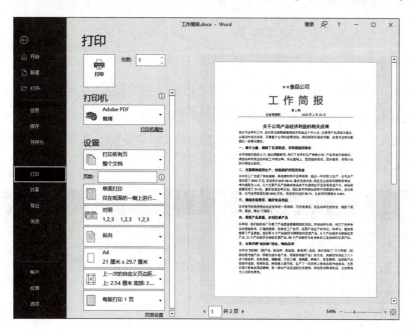

图1-18　预览文档的打印效果

（3）确认预览无误后，在"份数"文本框中输入要打印的文档份数，在"打印机"下拉列表中选择要使用的打印机，然后单击"打印"按钮即可。

任务二　制作求职简历

任务描述

本任务通过学习制作求职简历，利用"插入"选项卡中的按钮，可以在文档中插入形状、文本框、艺术字、图片、SmartArt图形、表格、图表等对象，并设置这些对象的格式，以丰富文档内容，使文档更加精彩。

知识储备

一、编辑和美化形状

在 Word 2016 中，形状、文本框和艺术字都属于形状，可以在其中插入文本和图片等，并作为一个整体排列在文档的任何位置，不受段落行距和间距的影响。

（一）插入形状、文本框和艺术字

1. 插入形状

在"插入"选项卡"插图"组中，单击"形状"按钮 ，在弹出的下拉列表中选择矩形，如图 1-19 所示，然后在文档中按住鼠标左键并拖曳鼠标，释放鼠标左键后即可绘制出矩形。如果要在形状中插入文本，可以右击形状后在快捷菜单中选择"添加文字"命令，然后输入文本。

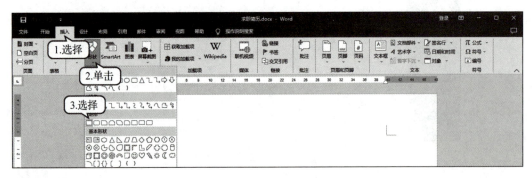

图 1-19 插入矩形

> **小贴士**
>
> 绘制图形时，按住 Shift 键拖曳鼠标可绘制规则图形。例如，按住 Shift 键，绘制矩形时可画出正方形，绘制椭圆时可画出圆形。如果要将多个图形集中排列，可以在"形状"下拉列表底部选择"新建画布"选项创建一张画布，然后在画布中绘制形状。

2. 插入文本框

除了采用"形状"下拉列表中的"文本框"按钮 和"竖排文本框"按钮 绘制文本框之外，还可以在"插入"选项卡"文本"组中单击"文本框"按钮 ，在弹出的下拉列表中选择合适的文本框样式，在文档中插入该样式的文本框，然后根据需要改变文本框中的内容。

3. 插入艺术字

在"插入"选项卡"文本"组中单击"艺术字"按钮 A，在弹出的下拉列表中提供了 15 种预设的艺术字样式，选择合适的样式，即可插入艺术字占位符，然后根据需要输入艺术字文本内容。

（二）编辑形状

插入形状、文本框和艺术字后，可以通过鼠标、功能区命令和"设置形状格式"任务窗格栏对形状进行编辑和美化。

1. 通过鼠标编辑形状

选择形状后，形状周围会出现 8 个白色控制点、1 个旋钮和 1 个或多个黄色控制点，拖曳其中任意白色控制点可以改变形状大小，拖曳旋钮可以旋转形状，拖曳黄色控制点可以改变形状。把鼠标指针移到形状的边缘，当鼠标指针变成四向箭头形状时，拖曳鼠标可以移动形状的位置。如图 1-20 所示。

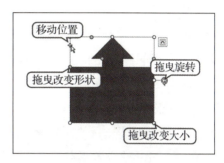

图 1-20 通过鼠标编辑形状

2. 通过功能区命令编辑形状

选择形状后，功能区自动显示"绘图工具"→"形状格式"选项卡，如图 1-21 所示。选项卡中各组的作用如下。

图 1-21 "绘图工具"→"形状格式"选项卡

（1）"插入形状"组：选择某个形状，可在编辑区拖曳鼠标绘制该形状；单击"编辑形状"按钮，从弹出的下拉列表中选择"编辑顶点"选项后，拖曳形状边框和顶点可以改变形状的外形。

（2）"形状样式"组：提供很多系统内置的形状样式，从中选择相应样式可快速美化所选形状；也可利用"形状填充"按钮、"形状轮廓"按钮和"形状效果"按钮自定义所选形状的填充、轮廓和三维效果等。

（3）"艺术字样式"组：如果所选形状中有文本，可利用该组中的选项设置形状内文本的艺术字效果，也可利用"文本填充"按钮 A、"文本轮廓"按钮 A、"文本效果"按钮 A 设置所选形状内文本的格式。

(4)"文本"组：设置所选形状内文字的对齐方式和方向等。

(5)"排列"组：设置所选形状的位置、文字环绕方式、叠放次序、对齐方式、组合和旋转等。

(6)"大小"组：设置所选形状的大小。

> **小贴士**
>
> 当需要将多个形状作为一个整体，统一调整其位置、大小、线条和填充效果时，可以按住 Shift 键，依次选择图形，单击"排列"组中的"组合"按钮，在弹出的下拉列表中选择"组合"命令将它们组合为一个图形单元。

3. 通过"设置形状格式"窗格编辑形状

对形状的编辑和美化操作大多可以通过"绘图工具"→"形状格式"选项卡上的工具来完成，但也有例外情况，如设置形状内文字的边距。此时可以通过"设置形状格式"窗格中的选项来完成。

单击"绘图工具"→"形状格式"选项卡"形状样式"组右下角的"对话框启动器"按钮，打开"设置形状格式"窗格，如图 1-22 所示。其中包含"形状选项"和"文本选项"两个选项卡，每个选项卡包含"填充与线条""效果"和"布局"选项。

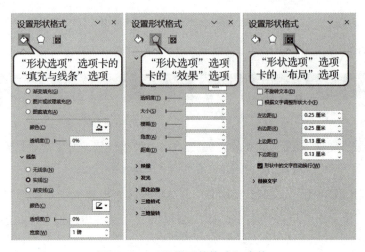

图 1-22 "设置形状格式"窗格

二、编辑和美化图片

在编排文档时，可根据需要插入符合主题的图片，从而使文档更加生动形象。图片和形状相似，不同之处是图片中不可以直接插入文本，如果要在图片中插入文本，可以借助文本框。

（一）插入图片

在"插入"选项卡"插图"组中，单击"图片"按钮，打开"插入图片"对话框，如图 1-23 所示。选择需要插入的图片，单击"插入"按钮即可在插入点插入选择的图片。

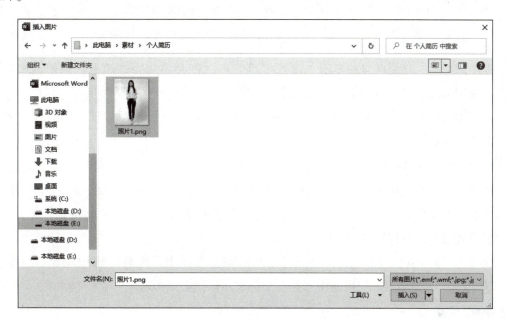

图 1-23　"插入图片"对话框

单击"屏幕截图"按钮，弹出下拉列表，在"可用的视窗"列表中列出了除当前窗口外所有窗口的图片，如图 1-24 所示。单击任一图片可以在插入点插入该图片。

图 1-24　插入屏幕截图

> **小贴士**
>
> 在"屏幕截图"下拉列表中,选择"屏幕剪辑"命令后快速激活要截图的窗口,待屏幕变淡后,鼠标指针会变成十字形状,拖曳鼠标选择屏幕区域即可在插入点插入选择的区域截图。

(二)编辑图片

选中图片后,功能区自动显示"图片工具"→"图片格式"选项卡,利用该选项卡可以对选中的图片进行各种编辑和美化操作。图片有很多与形状相同的格式,如排列、大小和边框等,设置方法也完全相同。此外,图片格式设置还包括图片调整、图片效果设置、图片版式设置和图片裁剪。

1. 设置文字环绕方式和位置

环绕方式是指文档中的图片与周围文字的位置关系。Word 2016 中共有 7 种环绕方式,分别为嵌入型、四周型、紧密型、穿越型、上下型、衬于文字下方和浮于文字上方。设置图片文字环绕方式和位置的方法如下。

选中图片后,在"图片工具"→"图片格式"选项卡"排列"组中单击"环绕文字"按钮,在弹出的下拉列表中选择需要的文字环绕方式即可。

> **小贴士**
>
> 如果要设置更多的布局选项,可以在列表中选择"其他布局选项"命令,打开"布局"对话框,在其中的"文字环绕"和"位置"选项卡中进行设置,如图 1-25 所示。
>
>
>
> 图 1-25 设置图片文字环绕方式和位置

2. 调整图片

选中图片后,在"图片工具"→"图片格式"选项卡"调整"组中,单击对应的按钮,如图1-26所示,可以对图片进行删除背景、颜色调整、艺术效果设置和压缩设置。如果对设置不满意,可以单击"重置图片"按钮还原图片。

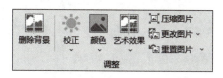

图1-26 "图片工具"→"图片格式"选项卡"调整"组

3. 裁剪图片

选中图片后,在"图片工具"→"图片格式"选项卡"大小"组中单击"裁剪"按钮,图片四周会显示黑色加粗裁剪线,拖曳裁剪线到合适的位置完成裁剪。单击"裁剪"按钮下方的下拉按钮,可以在弹出的下拉列表中选择按指定纵横比裁剪或裁剪为形状。

> **小贴士**
>
> 裁剪图片后,被剪掉的部分依然保存在图片中,只是不显示。如果需要显示,可以再次单击"裁剪"按钮,调整裁剪线即可。如果要彻底删除剪掉的区域,可以单击"压缩图片"按钮,在弹出的"压缩图片"对话框中选中"删除图片的剪裁区域"复选框,单击"确定"按钮,如图1-27所示。

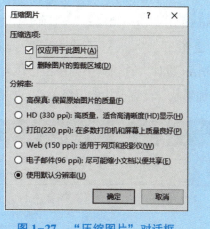

图1-27 "压缩图片"对话框

三、编辑和美化 SmartArt 图形

SmartArt 图形是信息和观点的视觉表示形式,主要用于在文档中列示项目、演示流程、表达层次结构或关系,并通过图形结构和文字说明快速、轻松、有效地传达作者的观点和信息。

(一)插入 SmartArt 图形

Word 2016 提供了多种样式的 SmartArt 图形。在"插入"选项卡"插图"组中单击

"SmartArt"按钮 ，打开"选择 SmartArt 图形"对话框，选择需要的图形，单击"确定"按钮即可将其插入文档中，如图 1-28 所示。

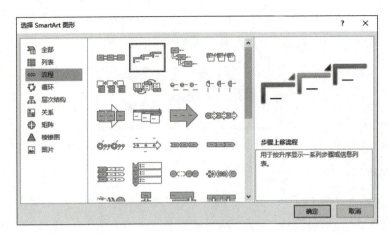

图 1-28 "选择 SmartArt 图形"对话框

(二) 编辑 SmartArt 图形

选择 SmartArt 图形后，功能区中自动显示"SmartArt 工具"→"SmartArt 设计"和"SmartArt 工具"→"格式"选项卡。"SmartArt 工具"→"格式"选项卡的功能与形状的"绘图工具"→"形状格式"选项卡几乎完全相同。利用"SmartArt 工具"→"SmartArt 设计"选项卡中的按钮可以对 SmartArt 图形的版式、颜色、样式进行设置，还可添加形状、设置形状的层级关系，如图 1-29 所示。

图 1-29 "SmartArt 工具"→"SmartArt 设计"选项卡

单击"SmartArt 工具"→"SmartArt 设计"选项卡"创建图形"组中的"文本窗格"按钮，可以打开 SmartArt 文本窗格，如图 1-30 所示。在文本窗格中按 Enter 键可以增加一行文本，并在 SmartArt 图形的对应位置增加一个形状。同理，删除一行文本就删除一个形状。将光标定位在行首，按 Tab 键可以降低对应形状的层级，按 Backspace 键可以提升对应形状的层级。

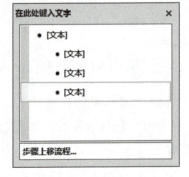

图 1-30 SmartArt 文本窗格

任务实施：制作求职简历

制作求职简历的流程为：设置简历版式，编辑简历基本信息，编辑实习经验，编辑个人风采。完成后的求职简历如图 1-31 所示。

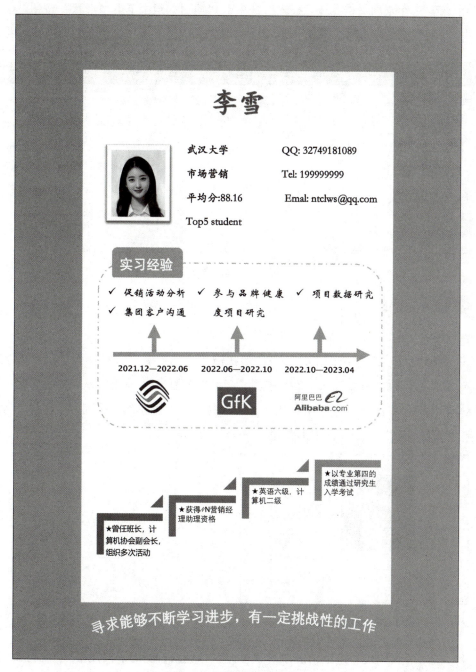

图 1-31　求职简历效果图

一、设置简历版式

根据页面布局需要,插入填充色为橙色和白色的两个矩形,其中,橙色矩形占满 A4 幅面,文字环绕方式设为浮于文字上方,作为简历的背景,操作步骤如下。

(1) 新建一个空白文档,在"插入"选项卡"插图"组中单击"形状"按钮,在弹出的下拉列表中选择"矩形"形状,如图 1-32 所示,在文档中曳动鼠标绘制一个矩形。

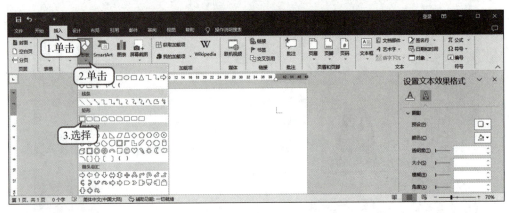

图 1-32 插入矩形

(2) 选中矩形,单击矩形右上角的"布局选项"浮动按钮,在"文字环绕"组中选择"浮于文字上方"样式,如图 1-33 所示。

(3) 选中矩形,在"绘图工具"→"形状格式"选项卡"大小"组中的"高度"和"宽度"数值微调框中分别输入"29.7 厘米"和"21 厘米",如图 1-34 所示,使矩形大小与 A4 纸相同。单击"排列"组中的"对齐"按钮,在弹出的下拉列表中选择"水平居中"和"垂直居中"命令,使矩形覆盖页面。

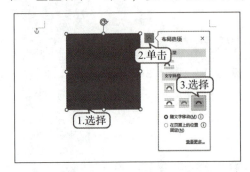

图 1-33 设置形状布局

图 1-34 设置形状大小

(4) 在"形状样式"组中单击"形状填充"按钮右侧的下拉按钮,在弹出的下拉列表中选择"标准色"→"橙色"选项。单击"形状轮廓"按钮右侧的下拉按钮,在

弹出的下拉列表中选择"无轮廓"命令，如图1-35所示。

（5）再次插入一个矩形，在"绘图工具"→"形状格式"选项卡"形状样式"组中，单击"形状填充"按钮右侧的下拉按钮，在弹出的下拉列表中选择"标准色"→"白色"选项。单击"形状轮廓"按钮右侧的下拉按钮，在弹出的下拉列表中选择"无轮廓"命令。拖曳矩形到合适的位置。

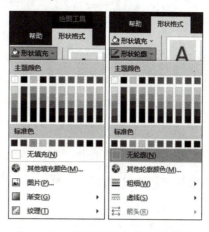

图1-35 设置形状填充和形状轮廓

小贴士

在拖曳形状过程中，当移到页面的水平或垂直居中位置时，页面会显示位置参考线，如图1-36所示，此时松开鼠标将会使图形水平或垂直居中。

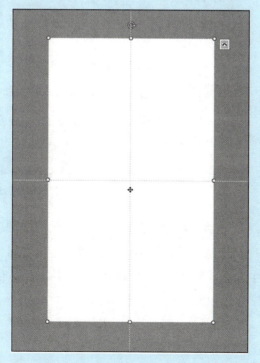

图1-36 移动形状时显示参考线

二、编辑简历基本信息

（一）插入和编辑艺术字

将文本"李雪"和"寻求能够不断学习进步，有一定挑战性的工作"设置为橙色、艺术字，其中，"寻求能够不断学习进步，有一定挑战性的工作"的文本效果为"跟随路径"→"拱形"，操作步骤如下。

（1）在"插入"选项卡"文本"组中单击"艺术字"按钮，在弹出的下拉列表中选择"填充-橙色-主题色2"样式，如图1-37所示。在艺术字占位符中输入"李雪"，拖曳艺术字到合适位置。

（2）选中艺术字，在"开始"选项卡"字体"组中设置字体为"楷体"。切换到"绘图工具"→"形状格式"选项卡，在"艺术字样式"组中单击"文本填充"按钮右侧的下拉按钮，在弹出的下拉列表中选择"橙色，个性色2，淡色25%"选项，如图1-38所示。

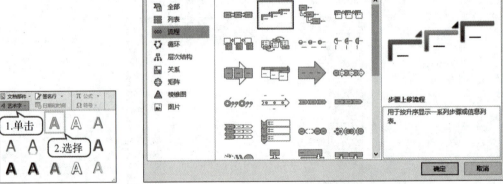

图 1-37　插入艺术字　　　　　图 1-38　设置艺术字文本填充色

（3）插入艺术字"寻求能够不断学习进步，有一定挑战性的工作"并设置文本填充颜色。在"绘图工具"→"形状格式"选项卡"艺术字样式"组中单击"文本效果"按钮，从弹出的下拉列表中选择"转换"→"跟随路径"中的"拱形"选项，如图1-39所示。根据需要调整艺术字位置和大小。

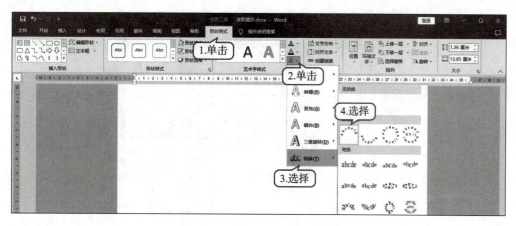

图1-39 设置艺术字文本效果

（二）插入和编辑个人信息

为了方便调整文字在文档中的位置，将基本信息置于文本框中，操作步骤如下。

（1）在"插入"选项卡"文本"组中单击"文本框"按钮，在弹出的下拉列表中选择"绘制横排文本框"命令，绘制两个文本框，并在文本框中输入文字。

（2）选中文本框，在"开始"选项卡中，设置字体格式为"华文楷体、加粗、14磅"。单击"段落"组中的"对话框启动器"按钮，在打开的"段落"对话框中设置段落左、右缩进为"0"，特殊缩进为"无"，如图1-40所示。

图1-40 设置文本框段落格式

（3）在"绘图工具"→"形状格式"选项卡"形状样式"组中单击"形状填充"按钮右侧的下拉按钮，在弹出的下拉列表中选择"白色，背景1"选项。单击"形状轮廓"按钮右侧的下拉按钮，在弹出的下拉列表中选择"无轮廓"选项，如图1-41所示。

（4）调整文本框的大小和位置。

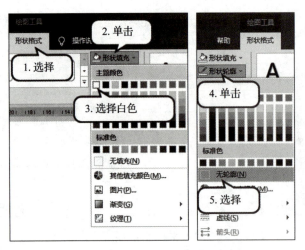

图 1-41　设置文本框的填充和轮廓

（三）插入和编辑照片

插入素材文件中的"照片1.png",并进行裁剪和编辑,操作步骤如下。

（1）在"插入"选项卡"插图"组中单击"图片"按钮,在打开的"插入图片"对话框中,选择"照片1.png",单击"插入"按钮,如图1-42所示。

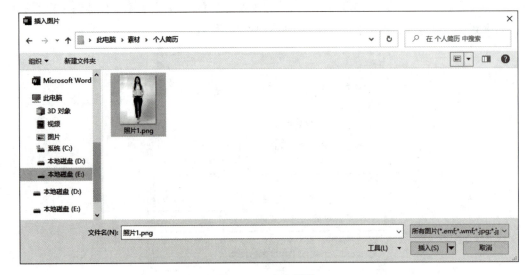

图 1-42　个人照片

（2）在"图片工具"→"图片格式"选项卡"排列"组中单击"环绕文字"按钮,在弹出的下拉列表中选择"四周型"命令。

（3）在"大小"组中单击"裁剪"按钮,图片四周显示黑色加粗裁剪线,拖曳黑色裁剪线到所需的位置。调整裁剪后的图片到合适的大小和位置。

（4）在"图片样式"组中选择"简单框架，白色"样式，如图1-43所示。

图1-43　设置图片样式

三、编辑实习经验

（一）制作实习经验标题和边框

插入一个填充色为橙色的圆角矩形，并添加文字"实习经验"，插入1个轮廓为短画线的圆角矩形框，操作步骤如下。

（1）绘制一个圆角矩形，设置形状填充颜色为"标准色-橙色"，形状轮廓为"无轮廓"。

（2）右击圆角矩形，在弹出的快捷菜单中选择"添加文字"命令，然后在圆角矩形中输入"实习经验"。设置字体格式为"18磅、黑体、加粗"；段落对齐方式为"居中"，左、右缩进为"0"，特殊缩进为"无"。

（3）插入一个圆角矩形。设置形状填充为无填充；形状轮廓粗细为"1.5磅"，线型为"虚线"→"短画线"，轮廓颜色为"金色，个性色4，淡色40%"。

（4）右击短画线圆角矩形，在弹出的快捷菜单中选择"置于底层"→"下移一层"命令，使其不遮挡"实习经验"形状。根据需要调整形状的大小和位置。

（二）制作实习内容文本

（1）在"插入"选项卡"文本"组中单击"文本框"按钮，在弹出的下拉列表中选择"绘制横排文本框"命令，在短画线圆角矩形框中合适的位置插入一个文本框，并输入文字"促销活动分析……集团客户沟通"。

（2）选中文本框，在"开始"选项卡中设置字体格式为"华文新魏、14磅"。

（3）在"段落"组中单击"项目符号"按钮右侧的下拉按钮，从"项目符号库"中选择"✓"。单击"段落"组中的"对话框启动器"按钮，在打开的"段落"对话框中设置段落的左、右缩进为"0"，行距为"25磅"，如图1-44所示。

（4）选中文本框，在"绘图工具"→"形状格式"选项卡"形状样式"组中，单击"形状轮廓"按钮右侧的下拉按钮，在弹出的下拉列表中选择"无轮廓"选项。单击"形状填充"按钮右侧的下拉按钮，在弹出的下拉列表中选择"白色，背景1"样式。

（5）选中文本框，按Ctrl+D组合键两次，复制出两个相同的文本框。

（6）拖曳其中一个文本框至页面右侧，按住 Shift 键，同时选中 3 个文本框。在"绘图工具"→"形状格式"选项卡"排列"组中，单击"对齐"按钮，在弹出的下拉列表中选择"垂直居中"和"横向分布"命令。

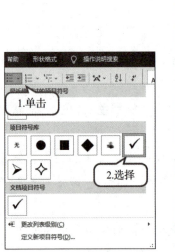
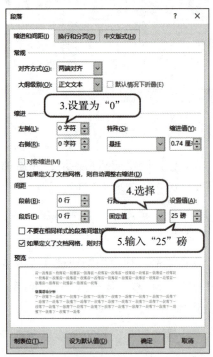

图 1-44　设置项目符号和段落格式

（三）制作实习时间轴

（1）在"插入"选项卡"插图"组中单击"形状"按钮，在弹出的下拉列表中选择"线条"组中的"箭头"选项，按住 Shift 键，在合适的位置绘制水平长箭头。设置"形状轮廓"颜色为"橙色"，粗细为"6 磅"。

（2）绘制一个"上箭头"，设置"形状填充"为"橙色"，"形状轮廓"为"无轮廓"。

（3）选中上箭头，按 Ctrl+D 组合键两次，复制出两个相同的上箭头。

（4）设置 3 个上箭头的对齐方式为"垂直居中"和"横向分布"。

（5）插入 3 个实习时间段文本框。设置文本框的字体格式为"宋体、10 磅、加粗"；段落对齐方式为"居中"，段落左、右缩进为"0"，特殊缩进为"无"。调整文本框大小和位置。

（6）插入实习单位 Logo 图片文件"2.jpg""3.jpg"和"4.jpg"，设置图片文字环绕方式为"四周型"，调整图片大小和位置。

四、编辑个人风采

利用 SmartArt 图形制作个人风采,操作步骤如下。

(1)在"插入"选项卡"插图"组中单击"SmartArt"按钮,在弹出的"选择 SmartArt 图形"对话框中,选择"流程"选项卡中的"步骤上移流程"选项,单击"确定"按钮,如图 1-45 所示。

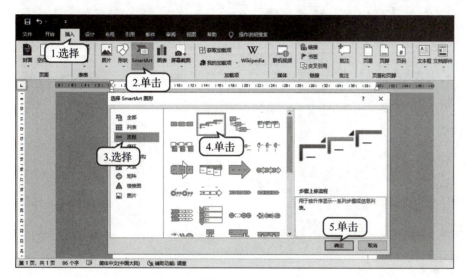

图 1-45　插入 SmartArt 图形

(2)在"SmartArt 工具"→"格式"选项卡"排列"组中单击"环绕文字"按钮,在弹出的下拉列表中选择"四周型"选项。

(3)在"SmartArt 工具"→"SmartArt 设计"选项卡"创建图形"组中单击"添加形状"按钮右侧的下拉按钮,为 SmartArt 图形添加一个形状。

(4)在"SmartArt 样式"组中单击"更改颜色"按钮,在弹出的下拉列表的"个性色 2"组中选择"渐变范围-个性色 2"颜色,如图 1-46 所示。

(5)在 SmartArt 图形各文本框中输入文字,设置字体为"微软雅黑",字号为"12 磅"。

(6)将光标定位在其中一个文本框的第一个字前,在"插入"选项卡"符号"组中单击"符号"按钮,在弹出的下拉列表中选择"其他符号"命令,打开"符号"对话框,在"子集"下拉列表中选择"其他符号"选项,在符号栏中选择"★",单击"插入"按钮,如图 1-47 所示。

(7)选中插入的"★",在"开始"选项卡"字体"组中设置字体颜色为"标准色-红色"。然后将"★"复制到其余文本框的第一个字符位置。

（8）根据需要调整图形的大小和位置。

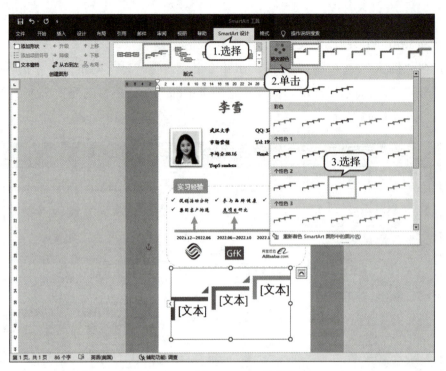

图 1-46　更改 SmartArt 图形颜色

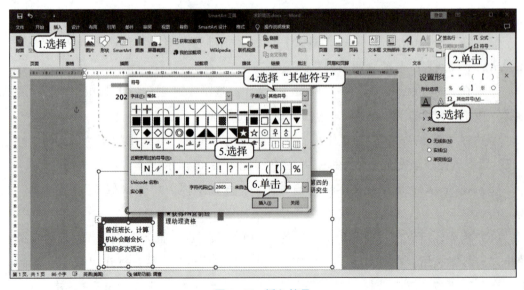

图 1-47　插入符号

任务三　批量制作录用通知书

任务描述

录用通知书、工资条、邀请函、工作卡等，这类文档的共同点在于，文档的主体内容完全相同，只有其中包含的姓名、性别等信息发生变化。使用 Word 提供的邮件合并功能可以快速制作此类文档，首先将共有的内容放在一个主文档中，将变化的信息放在另一数据源文件中，然后使用邮件合并功能在主文档中插入变化的信息，合成后的文件可以保存为 Word 文档，可以打印出来，也可以邮件形式发出去。

知识储备

邮件合并是 Word 2016 中一项数据组织与格式化输出操作技术，通常用于批量处理文档。邮件合并的整体流程如下：

制作主文档和数据源文件→建立主文档和数据源的关联（邮件合并）→将数据源中相关字段插入主文档指定位置（插入合并域）→对数据进行筛选（如果需要，非必需）→预览并完成合并（完成合并）。

一、主文档

主文档是邮件合并内容中固定不变的通用部分，其制作方法与普通文档基本相同，用户可对其页面格式和字符格式等进行设置。

例如，录用通知书中有关录用的描述性内容是每份通知书的相同部分，如图 1-48 所示。主文档必须是 Word 文档，邮件合并前，应先设置好主文档内容及格式。

（图示：录用通知书主文档）

先生/女士：

您好！通过我司的招聘选拔程序，您在本次面试中取得　分，恭喜您被我司录用。请按要求备齐相关资料并在指定时间内到我司人力资源部办理入职手续，谢谢合作！

XXX 人力资源部

2022 年 9 月

图 1-48　主文档

二、数据源

数据源是指文档中要使用的变化的信息，是多个文档所包含不同内容的部分，例如，录用通知书中姓名、分数是每份通知书中不相同的部分，如图 1-49 所示。数据源可以是 Excel 工作簿、Word 表格数据或进入邮件合并状态即时输入的数据信息。

姓名	性别	年龄	面试成绩
杨晨宇	男	26	85
李明昊	男	24	89
钱海成	男	34	93
周天明	男	29	75
于丽丽	女	25	73
王董	女	22	84
肖夏	女	29	95
赵芝琳	女	31	87
何秋丽	女	32	79
黎天海	男	31	87

图 1-49　数据源

三、邮件合并

打开主文档，利用"邮件"选项卡中的"开始邮件合并"按钮、"选择收件人"按

钮、"插入合并域"按钮等进行邮件合并设置,最后单击"完成并合并"按钮,即可完成操作。

任务实施:批量制作录用通知书

下面以"批量制作录用通知书"为例介绍邮件合并功能,将设置好的录用通知书(主文档)和面试成绩(数据源)通过邮件合并,为每位面试合格者生成一份录用通知书(面试成绩85分及以上为合格,筛选出符合条件的记录自动生成录用通知书),最终录用通知书效果如图1-50所示。

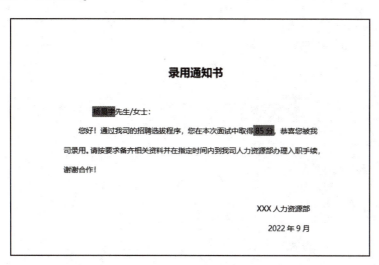

图1-50 录用通知书效果

一、邮件合并

要求:使用邮件合并功能,将录用通知书主文档和面试成绩数据源建立关联。

(1)打开素材"项目一\录用通知书(主文档).docx"。

(2)选择"邮件"选项卡,单击"开始邮件合并"组中的"开始邮件合并"按钮,在弹出的下拉列表中选择"普通 Word 文档"命令,如图1-51所示。

(3)单击"开始邮件合并"组中的"选择收件人"按钮,在弹出的下拉列表中选择"使用现有列表"命令,如图1-52所示。

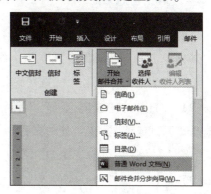

图1-51 开始邮件合并

图 1-52 选择"使用现有列表"命令

（4）在打开的"选取数据源"对话框中，选择数据源存放的位置，选择素材"面试成绩（数据源）.docx"文档，单击"打开"按钮，如图1-53所示。

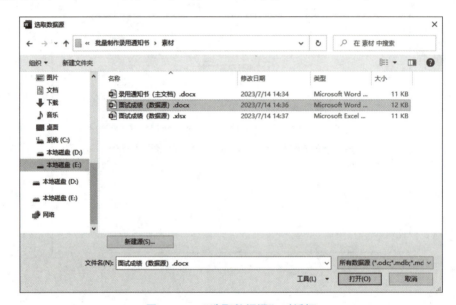

图 1-53 "选取数据源"对话框

二、筛选数据

要求：面试成绩85分及以上为合格，只有符合条件的记录才生成录取通知书。

（1）单击"开始邮件合并"组中的"编辑收件人列表"按钮，在打开的"邮件合并收件人"对话框中，单击"筛选"超链接，如图1-54所示。

（2）在打开的"查询选项"对话框中选择"筛选记录"选项卡，在"域"下拉列表中选择"面试成绩"，在"比较条件"下拉列表中选择"大于等于"，在"比较对象"文本框中输入"85"，单击"确定"按钮，如图1-55所示。

（3）返回"邮件合并收件人"对话框，可以看到筛选结果只保留了面试成绩大于或等于85分的记录，如图1-56所示。单击"确定"按钮关闭该对话框，Word将使用筛选后的数据来完成文档的合并。

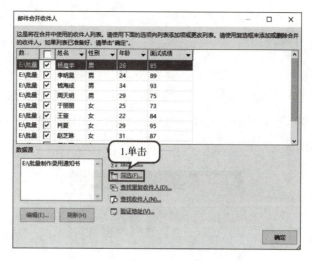

图1-54 "邮件合并收件人"对话框

图1-55 设置筛选条件

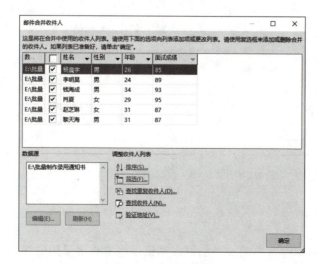

图1-56 筛选后数据

三、插入合并域

要求:在邮件合并基础上,将面试成绩文档的相关字段一一插入录取通知书中。

(1)将光标定位至"先生/女士:"文本前,单击"编写和插入域"组中的"插入合并域"按钮,在弹出的下拉列表中选择"姓名"选项,如图1-57所示,此时将"姓名"域插入光标所在位置。

图1-57 插入合并域

(2)使用同样方法,将光标定位至"分"前,单击"编写和插入域"组中的"插入合并域"按钮,在弹出的下拉列表中选择"面试成绩"选项,此时将"面试成绩"域插入光标所在位置。

(3)单击"编写和插入域"组中的"突出显示合并域"按钮,即可将文档中插入的"姓名""面试成绩"域用灰色底纹突出显示,如图1-58所示。

图1-58 突出显示合并域

四、完成合并

要求:将数据源中筛选出的6条面试成绩记录生成6张录用通知书。

(1)插入合并域后,选择"邮件"选项卡,单击"完成"组中的"完成并合并"按钮,在弹出的下拉列表中选择相应命令,此时可编辑单个文档、打印文档,或发送电子邮件,如图1-59所示,在弹出的下拉列表选择"编辑单个文档"命令。

(2)在打开的"合并到新文档"对话框中,选中"全部"单选按钮,并单击"确定"按钮,如图1-60所示,此时系统生成文件名为"信函1"的Word文档,包含6份录取通知书,录用通知书的批量制作完成。

图1-59 完成并合并

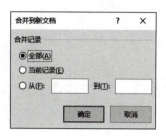

图1-60 "合并到新文档"对话框

任务四　编排员工手册

任务描述

实际应用中,长文档也是常用文档类型之一,如报纸、杂志、论文、图书等。在编排长文档时,经常使用样式以提高工作效率。此外,还可以根据需要为长文档分页和分节、设置页眉和页脚,以及提取目录等,以方便读者阅读和查找文档内容。在本任务中,将学习编排长文档的方法。

知识储备

一、样式

样式是指一组命名的字符和段落格式的集合,使用样式可以快速统一或更新文档的格式。系统默认模板中自带的样式为内置样式,当内置样式不能满足需求时,用户可以创建新的样式,称为自定义样式。内置样式和自定义样式在使用和修改时完全相同。用户可以删除自定义样式,不能删除内置样式。一旦修改了某个样式,所有应用该样式的内容的格式都会自动更新。

（一）新建样式

新建样式的步骤如下。

（1）切换到"开始"选项卡，单击"样式"组中的"对话框启动器"按钮，打开"样式"窗格，如图 1-61 所示。单击"新建样式"按钮，打开"根据格式化创建新样式"对话框，如图 1-62 所示。

图 1-61 "样式"窗格

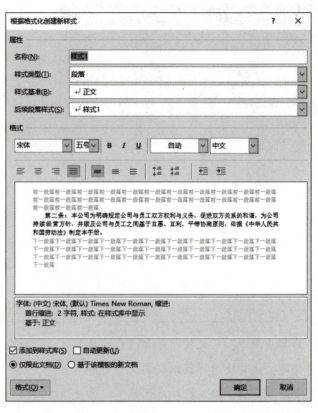

图 1-62 "根据格式化创建新样式"对话框

（2）在"名称"文本框中输入新样式的名称。新样式名称不能与系统内置样式同名。

（3）在"样式类型"下拉列表中选择样式类型，其中包括字符、段落、链接段落和字符、表格及列表 5 个选项。不同类型样式的应用范围不同，例如，字符类型的样式用于设置选定文字的格式，而段落类型的样式用于设置整个段落的格式。选择不同的样式类型，单击对话框底部的"格式"按钮时也会显示不同的可用选项。

（4）在"样式基准"下拉列表中列出了当前文档中的所有样式。如果新建样式的格式与其中某个样式比较接近，选择该样式，新样式会继承选择样式的格式，只要对个性化格式进行修改，就可以创建新的样式。

（5）在"后续段落样式"下拉列表中显示了当前文档中的所有样式，其作用是在编辑文档过程中按 Enter 键后，转到下一段落时自动套用后续段落样式。

（6）在"格式"栏中，可以设置字符、段落的常用格式，如字体、字号、字形、字体颜色、段落对齐方式以及行间距等。

（7）单击"格式"按钮，从弹出的下拉列表中选择要设置的格式类型，可以在打开的对话框中进行详细的格式设置。

（8）单击"确定"按钮，完成新样式创建，新样式会显示在"样式"窗格的样式列表中。

（二）修改样式

如果对现有样式的某些格式设置不满意，可以在"样式"窗格样式列表中单击样式名右侧的下拉按钮，在弹出的下拉列表中选择"修改"命令，在弹出的"修改样式"对话框中修改格式后单击"确定"按钮，如图1-63所示。修改样式和新建样式的操作完全相同，修改样式后，所有应用该样式的对象的格式都会发生改变。

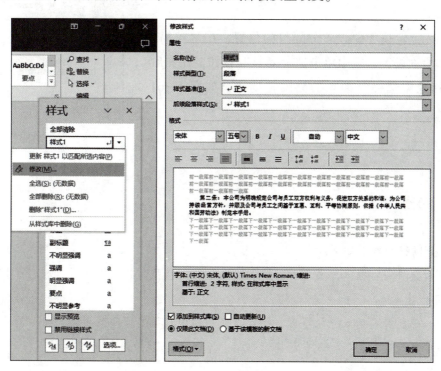

图 1-63　修改样式

二、目录

目录是长文档必不可少的组成部分，由各级标题和页码组成。如果文档中对标题应用了内置的标题样式，就可以引用标题样式的内容自动生成目录。

自动生成目录的基础是段落的大纲级别。Word 使用层次结构来组织文档，大纲级别就是段落所处层次的级别编号，段落的大纲级别在"段落"对话框的"常规"选项中设置，最多可以设置 9 级大纲级别。Word 的目录提取是基于大纲级别的，Normal 模板提供了内置标题样式，命名为"标题 1""标题 2"……"标题 9"，分别对应大纲级别 1～9 级。对段落应用内置标题样式后，可以在"引用"选项卡"目录"组中单击"目录"按钮自动生成目录。如果要用自定义样式生成目录，则必须正确定义样式的大纲级别。

三、分隔符

在 Word 文档中输入文本时，系统会根据页面设置自动换行、分页。如果要在文档的特定位置进行手动换行、分页，就需要插入分隔符。分隔符的类型有分页符、自动换行符、分栏符和分节符。在文档中插入这些分隔符的操作如下。

将插入点定位于要设置分隔符的位置，在"布局"选项卡"页面设置"组中单击"分隔符"按钮，在弹出的下拉列表中选择要插入的分隔符即可，如图 1-64 所示。

图 1-64　插入分隔符

知识链接

各分隔符的作用如下：

（1）分页符：插入分页符后，插入点以后的内容强制转到下一页，相当于按 Ctrl+Enter 组合键。

（2）分栏符：插入分栏符后，插入点以后的内容强制转到下一栏。

（3）自动换行符：插入自动换行符后，插入点以后的内容强制转到下一行，相当于按 Shift+Enter 组合键。

（4）下一页：插入一个分节符，新节从下一页开始。

（5）连续：插入一个分节符，新节从下一行开始。

（6）偶数页：插入一个分节符，新节从下一个偶数页开始。

（7）奇数页：插入一个分节符，新节从下一个奇数页开始。

> **小贴士**
>
> 通过为文档插入分节符，可将文档分为多节。节是文档格式化的最大单位，只有在不同的节中，才可以对文档中的不同部分设置不同的页面参数，如不同的页眉、页脚、页边距、文字方向、分栏等。当把页面设置和分栏应用于文档中的部分内容时，会自动插入连续分节符。

四、页眉和页脚

页眉和页脚分别位于页面的顶部和底部，常用来插入页码、文章名、作者姓名或公司徽标等内容。可以统一为文档设置相同的页眉和页脚，也可分别为首页、偶数页、奇数页或不同的节设置不同的页眉和页脚。

双击文档上边距或下边距中的空白位置即可进入页眉和页脚的编辑状态，并在功能区显示"页眉和页脚工具"→"页眉和页脚"选项卡，如图1-65所示。

图1-65 "页眉和页脚工具"→"页眉和页脚"选项卡

> **小贴士**
>
> 单击"插入"选项卡"页眉和页脚"组中的"页眉"按钮、"页脚"按钮和"页码"按钮，在弹出的下拉列表中可以快速选择系统预设的页眉、页脚和页码样式，并自动进入页眉和页脚编辑状态。

单击"插入"选项卡中的对应按钮，可以在页眉和页脚中插入日期、时间、文档信息和图片。

单击"页眉和页脚工具"→"页眉和页脚"选项卡"导航"组中的"链接到前一节"按钮，当按钮处于选中状态时，可以使当前编辑的内容与前一节相同。再次单击取消选中状态，则断开与前一节的链接，设置与前一节不同的页眉或页脚。

选中"选项"组中的"首页不同"和"奇偶页不同"复选框，编辑区域可以分别设置首页、奇数页和偶数页的页眉和页脚，否则，只能设置统一的页眉和页脚。

单击"关闭页眉和页脚"按钮，或双击文档正文，退出页眉和页脚编辑状态。

> **小贴士**
>
> 默认情况下，一个文档就是一节，在任一页的页眉和页脚编辑区输入内容后，整个文档的页面都会添加相同的页眉和页脚。如果要为某些页面设置不同的页眉和页脚，可以用分节符把这些页面与其前后的页面分开，使其成为单独的一节。

任务实施：编排员工手册

员工手册是企业内部的人事制度管理规范，同时又涵盖企业的各个方面，承担着展示企业形象和传播企业文化的功能。一份编排美观的员工手册，可以帮助员工快速了解企业的聘用、考勤、休假、晋升、行为规范等事项，并使其对公司的现状和文化有更加深入的了解。下面编排北京万点有限公司的员工手册，效果如图1-66所示。

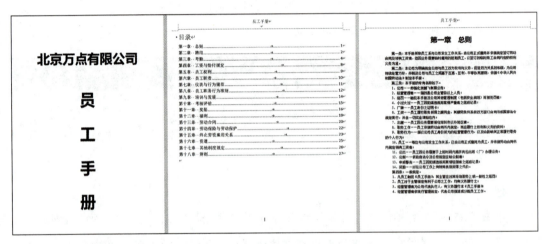

图1-66 员工手册效果（部分）

一、设置分页和分节

（1）打开本书配套素材"项目一\员工手册"，在"第一章 总则"文本左侧单击，然后单击"布局"选项卡"页面设置"组中的"分隔符"按钮，在弹出的下拉列表中选择"下一页"命令，此时在文档封面末尾插入一个分节符，将文档分为封面和正文两节，且正文从新的一节开始，如图1-67所示。

（2）使用与步骤（1）相同的方法，再次在该位置插入一个"下一页"分节符，此时文档被分为三节。其中，第二节的空白页将用于插入目录，具体参见"四、提取目录"。

（3）在"第二章 聘用"文本左侧单击，然后在"分隔符"下拉列表中选择"分页符"命令，使正文第二章内容从新的一页开始，如图1-68所示。

（4）使用与步骤（3）相同的方法插入分页符，使其他章内容也从新的一页开始。

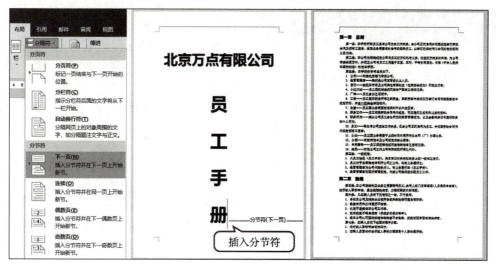

图 1-67 插入分节符

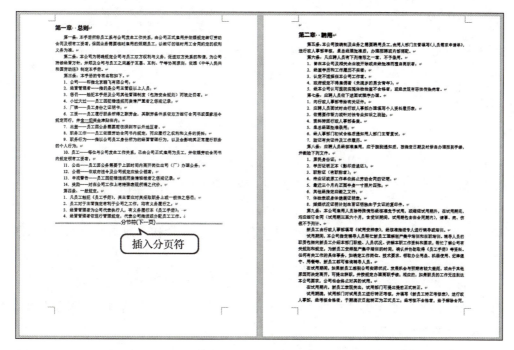

图 1-68 插入分页符

二、设置页眉和页脚

（1）单击"插入"选项卡"页眉和页脚"组中的"页眉"按钮，在弹出的下拉列表中选择"空白"样式，然后输入页眉文本"员工手册"，并设置其字符格式为"黑体、五号",再删除下方的空行,如图1-69所示。

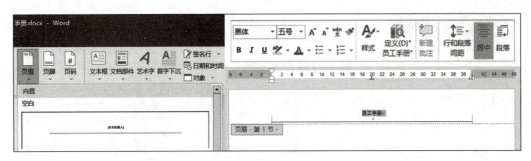

图1-69　插入并设置页眉

（2）单击"页眉和页脚工具"→"页眉和页脚"选项卡"导航"组中的"转至页脚"按钮,然后单击"页眉和页脚"组中的"页码"按钮,在弹出的下拉列表中选择"页面底端"→"普通数字2"样式,在页面底端插入页码,删除空行后,设置其字符格式为"Times New Roman、五号",如图1-70所示。

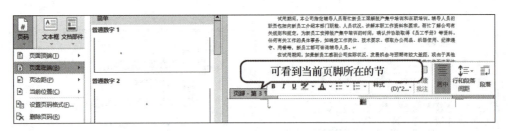

图1-70　在页面底端插入并设置页码

（3）在文档第2节页眉中单击,然后单击"页眉和页脚工具"→"页眉和页脚"选项卡"导航"组中的"链接到前一节"按钮,取消其与前一节页眉的链接。

（4）分别在文档第2节和第3节的页脚中单击,然后单击"页眉和页脚工具"→"页眉和页脚"选项卡"导航"组中的"链接到前一节"按钮,取消其与前一节页脚的链接。

（5）将第1节（即封面）的页眉文本删除,然后选中页眉中的段落标记,并在"开始"选项卡"段落"组中的"边框"下拉列表中选择"无框线"选项,删除页眉中的横线。再将第1节的页码删除。

（6）在第2节页码处单击,然后单击"页眉和页脚工具"→"页眉和页脚"选项卡"页眉和页脚"组中的"页码"按钮,在弹出的下拉列表中选择"设置页码格式"命令,打开"页码格式"对话框。在"编号格式"下拉列表中选择"Ⅰ,Ⅱ,Ⅲ,…"选项,然后选中"起始页码"单选按钮,并在右侧的数值微调框中输入"Ⅰ",最后单击"确定"按钮,如图1-71所示。

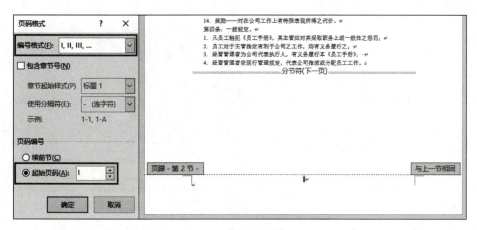

图 1-71 设置页码格式

（7）使用与步骤（6）相同的方法设置第 3 节页码的起始页码为Ⅰ。

（8）单击"页眉和页脚工具"→"页眉和页脚"选项卡"关闭"组中的"关闭页眉和页脚"按钮，退出页眉和页脚的编辑状态，可看到设置的页眉和页脚效果。

三、使用样式

（1）在"第一章　总则"段落中单击，然后单击"开始"选项卡"样式"组中的"标题 1"样式，为段落文本应用"标题 1"样式，如图 1-72 所示。

图 1-72 应用"标题 1"样式

（2）使用与步骤（1）相同的方法，对文档中的各章标题应用"标题 1"样式。此时，"导航"任务窗格的"标题"选项卡中可看到应用样式后的标题。

（3）右击"开始"选项卡"样式"组中的"正文"样式，在弹出的快捷菜单中选择"修改"命令，打开"修改样式"对话框。在"格式"设置区中设置样式的字体为宋体，字号为小四，然后单击"格式"按钮，在弹出的下拉列表中选择"段落"命令，在打开的"段落"对话框中设置首行缩进为 2 字符，行距为 1.5 倍行距，最后单击"确定"按钮返回"修改样式"对话框，如图 1-73 所示。

（4）单击"修改样式"对话框中的"确定"按钮，即可在文档中看到修改后的"正文"样式效果。

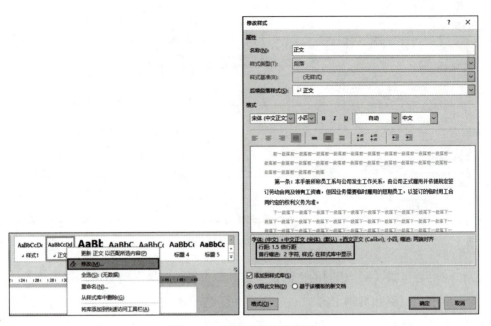

图 1-73 修改"正文"样式

> **小贴士**
>
> 文档第 1 节(即封面)中的文本默认应用"正文"样式,因此,修改"正文"样式后,文档封面的版面会同步修改。此时需利用"开始"选项卡"段落"组中的按钮取消其首行缩进。

四、提取目录

(1)在文档第 2 节的开始位置单击,然后单击"引用"选项卡"目录"组中的"目录"按钮,在弹出的下拉列表中选择"自动目录 1"样式,即可在文档中插入目录,如图 1-74 所示。

(2)修改"目录"文本的字体为微软雅黑,对齐方式为居中对齐,并在文本间添加两个空格;修改目录内容("第一章 总则"至"27")的字号为 14 号。至此,员工手册文档编排完毕,再次保存文档即可。

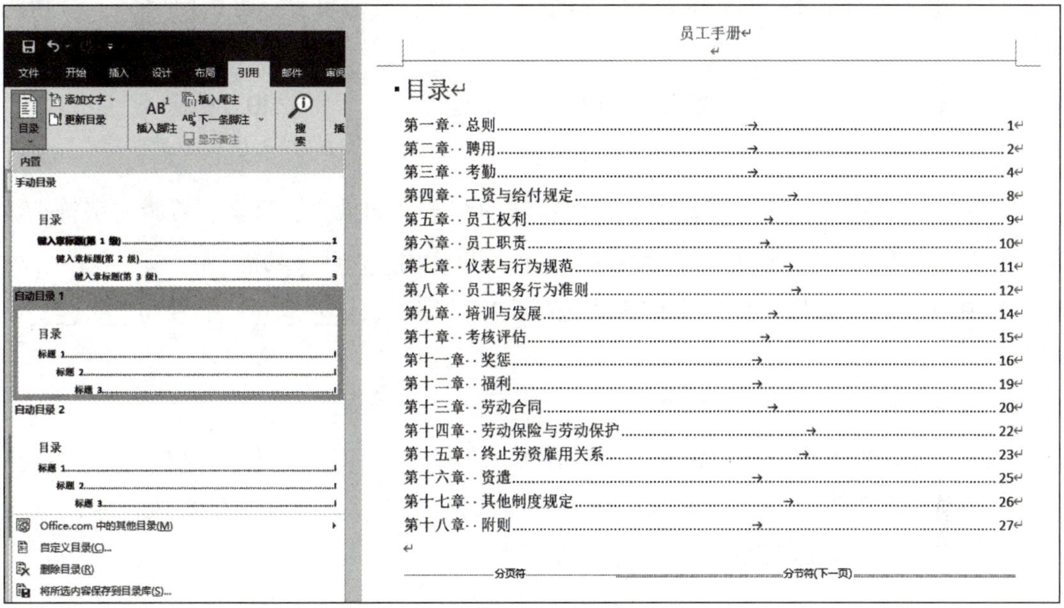

图 1-74　插入目录

思考练习

一、选择题

1. 在 Word 2016 中，不能作为文本转换为表格的分隔符是(　　)。

   A. 段落标记　　　　B. 制表符　　　　C. @　　　　　　D. ##

2. 将 Word 文档中的大写英文字母转换为小写，最优的操作方法是(　　)。

   A. 执行"开始"选项卡"字体"组中的"更改大小写"命令

   B. 执行"审阅"选项卡"格式"组中的"更改大小写"命令

   C. 执行"引用"选项卡"格式"组中的"更改大小写"命令

   D. 单击鼠标右键，执行快捷菜单中的"更改大小写"命令

3. 在 Word 2016 中，关于艺术字的说法，正确的是(　　)。

   A. 选中的文字，通过"字体"对话框可以设置艺术字

   B. 添加艺术字需要单击"插入"选项卡中的"文本框"按钮

   C. 艺术字是被当作形状对象来处理的

   D. 设置好的艺术字只能改变其大小，而字体和字形不能再被改变

4. 在 Word 2016 中要绘制表现两个或多个对象之间逻辑关系的图形时，可以选择 SmartArt 图形中的(　　)。

   A. 列表　　　　　　B. 循环　　　　　　C. 层次结构　　　　D. 关系

5. 若想批量制作统一格式的信封、邀请函、请柬、成绩单等，可以使用（   ）功能实现。

A. 邮件合并　　　　B. 查找与替换　　　C. 题注　　　　　D. 模板

二、填空题

1. 在输入文本时，一些键盘上没有的特殊的符号（如俄文、日文、希腊文字符，数学符号，图形符号等），除了用键盘输入外，还可以使用_____功能。

2. 在文字编辑软件中设置字体格式包括文字的字体、_____、字号和_____设置等。

3. Word 2016 默认的对齐方式是_____。

4. 在 Word 2016 中，图形叠放次序包括置于顶层、_____、上移一层、_____。

5. 在 Word 文档中，自动生成目录后，如果标题的文字内容发生更改，应该进行_____操作，以保证标题内容与目录内容一致。

三、简答题

1. 在编辑 Word 文档的过程中，如何切换"改写"与"插入"状态？这两种状态有何区别？

2. 简述对长文档生成目录的步骤。

四、操作题

1. 对如下已知文本，按照要求完成下列操作。

星期一	星期二	星期三	星期四	星期五
数学	英语	数学	语文	英语
英语	数学	英语	数学	语文
手工	体育	地理	历史	体育
语文	常识	语文	英语	数学

（1）将文档所提供的 5 行文字转换成一个 5 行 5 列的表格，再将表格文字对齐方式设置为底端对齐、右对齐。

（2）在表格的最后增加一行，并合并单元格，其行内容为"午休"，再将"午休"一行设置成红色底纹填充。

（3）表格内边框设置成 0.75 磅单实线，外边框设置为 1.5 磅双实线。

2. 将以下素材按要求排版。

《名利场》是英国 19 世纪小说家萨克雷的成名作品，也是他生平著作里最经得起时间考验的杰作。故事取材于很热闹的英国 19 世纪中上层社会。当时国家强盛，工商业发达，由压榨殖民地或剥削劳工而发财的富商大贾正主宰着这个社会，英法两国争权的战争也在

这时响起了炮声。中上层社会各式各等人物,都忙着争权夺位,争名求利,所谓"天下熙熙,皆为利来;天下攘攘,皆为利往",名位、权势、利禄,原是相连相通的。

(1) 将正文设置为"四号、宋体",左缩进 2 字符,首行缩进 2 字符,行距为 1.5 倍行距。

(2) 添加红色双实线页面边框。

(3) 在段首插入任意图片,设置环绕方式"四周型",居中对齐。

(4) 给此文档加上页眉和页脚,页眉中的文字为"名利场",小五号字,居中;在页脚中插入页码,包括"页码/总页数"信息,居中。

(5) 设置页面为 A4,页边距上、下为 2.3 厘米,左、右为 2 厘米。

参考答案

一、选择题

1. D 2. A 3. C 4. D 5. A

二、填空题

1. 插入符号

3. 字形、颜色

3. 两端对齐

4. 置于底层、下移一层

5. 更新目录

三、简答题

略

四、操作题

略

项目二 电子表格处理

项目概述

电子表格处理是信息化办公的重要组成部分,在数据分析和处理中发挥着重要的作用,广泛应用于财务、管理、统计、金融等领域。本项目包含工作表和工作簿操作、公式和函数的使用、图表分析展示数据、数据处理等内容,以 Excel 2016 为范例进行讲解。

学习目标

知识目标

1. 了解 Excel 2016 的功能及作用。
2. 能熟练完成电子表格的基本操作。

能力目标

1. 能结合日常工作,灵活运用电子表格进行数据表格的制作、计算和分析处理。
2. 结合实际需要,能熟练运用公式和函数对电子表格中的数据进行准确计算。
3. 能综合运用排序、筛选、分类汇总、数据图表、数据透视表及数据透视图等进行数据的管理与分析。

素质目标

1. 通过设计并制作电子表格,计算、分析处理数据,真正体会学以致用的乐趣。
2. 遵守信息社会的道德规范,懂得合法使用数据资源。

任务一 制作职业技能培训登记表

任务描述

本任务要求学生通过学习制作职业技能培训登记表,掌握创建工作簿、输入和编辑表格数据等相关操作。

知识储备

一、认识 Excel 2016

Excel 2016 是一个功能强大、应用广泛的电子表格软件,集成了非常优秀的数据计算与分析功能。利用它可以快速制作出各种美观、实用的电子表格,以及对数据进行高效、快速的处理和分析,并能用各种统计图直观、形象地表示数据。

(一) Excel 2016 工作窗口

单击"开始"按钮,在程序列表中选择"Excel 2016"选项,在打开的启动界面选择"空白工作簿"模板,打开图 2-1 所示的 Excel 2016 工作窗口,并自动创建一个名为"工作簿1"的空白工作簿。Excel 2016 工作窗口包含标题栏、选项卡、功能区、名称框、编辑栏、列标、行号、"全选"按钮、工作表标签、状态栏、活动单元格等,各部分的功能见表 2-1。

项目二 电子表格处理

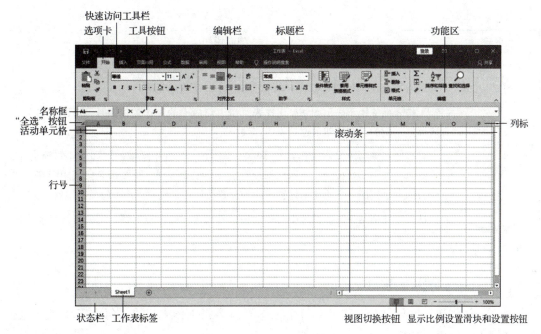

图 2-1　Excel 2016 的工作窗口

> **小贴士**
>
> 启动界面的"最近"栏目中显示了 Excel 最近使用过的工作簿列表，在列表中选择即可打开对应的工作簿文件。"新建"栏目中显示了 Excel 内置的模板，单击可以打开进行学习，单击"更多模板"按钮或窗口左侧的"新建"命令，切换到"新建"界面，在"新建"界面中可以查看更多的内置模板或在网上搜索联机模板。

表 2-1　Excel 2016 工作窗口中各部分的功能

名称	功能说明
标题栏	标题栏位于 Excel 窗口顶部，主要包含快速访问工具栏、文件名、"功能区显示选项"按钮和 3 个窗口控制按钮
选项卡和功能区	默认状态下，标题栏下方为"文件""开始""插入""页面布局""公式""数据""审阅""视图""帮助"等选项卡和操作说明搜索框。单击"文件"选项卡可打开"文件"后台视图，单击其他选项卡可打开对应的功能区，其中显示几组功能相近的操作命令。当选中图片、图表等对象时，还会显示与选中对象相关的上下文选项卡，如"图片工具""图表工具"等
名称框	名称框用于显示活动单元格的名称或当前正在选择的单元格区域的行数和列数。在名称框中输入名称，按 Enter 键可以快速选择单元格或单元格区域
编辑栏	编辑栏用于显示和编辑活动单元格的内容，其左侧为 3 个工具按钮
列标	列标用于标识和选择工作表的列，以 A~Z、AA~AZ、…、XFD 编号

— 57 —

续表

名称	功能说明
行号	行号用于标识和选择工作表的行，以1、2、3、4、…、1048576编号
"全选"按钮	单击"全选"按钮可以选中当前工作表中的所有单元格
工作表标签	工作表标签用于显示和切换工作表，当工作簿中的工作表较多时，可以单击工作表标签左侧的导航按钮快速切换工作表
状态栏	状态栏左侧用于显示操作过程中的状态信息，如选中区域的求和、计数等信息，右侧包含视图切换按钮、显示比例设置滑块和设置按钮。视图切换按钮用于切换工作表的显示视图。显示比例设置滑块和设置按钮用于调整工作表的显示比例
活动单元格	活动单元格是指当前被选中的单元格，若该单元格中有内容，则会将该单元中的内容显示在编辑栏中

（二）Excel 的相关概念

用 Excel 创建的文件称为工作簿，每个工作簿由多张工作表组成，每个工作表又包含若干单元格。下面介绍 Excel 的相关概念。

1. 工作簿

工作簿是 Excel 用来处理和存储数据的文件，扩展名为 .xlsx，其中可以含有一个或多个工作表。新建空白工作簿时，系统默认文件名为"工作簿1"，在实际工作中，通常需要给文件取一个直观易记的文件名。

2. 工作表

工作表是组成工作簿的基本单位，是 Excel 中用于存储和处理数据的主要文档，也称为电子表格。每个工作表由1048576行和16384列组成，列以字母 A～Z、AA～AZ、BA～BZ、…、XFD 编号，行以数字1、2、3、4、5、…、1048576 编号。每个工作表都有一个标签，其中显示工作工作表的名字。单击工作表标签，该工作表即成为活动工作表。

3. 单元格

工作表中行列交汇处的区域称为单元格，它可以保存数值和文字等数据。每一个单元格都有唯一的地址，由"列标"和"行号"组成，如第4列、第5行的单元格地址是 D5。

4. 单元格区域

单元格区域是指多个单元格的集合，是由多个单元格组合而成的一个范围。单元格区域可分为连续单元格区域和不连续单元格区域。在数据运算中，经常会对一个单元格区域中的数据进行计算。例如，"=SUM（A2:A8）"表示对 A2 单元格到 A8 单元格之间的所有单元格数据进行求和运算，"=SUM（A2,A8）"则表示只对 A2 和 A8 单元格中的数据进行求和运算。前者为连续单元格区域，后者为不连续单元格区域。

5. Excel 支持的文件格式

Excel 2016 支持许多类型的文件格式，不同的文件格式具有不同的扩展名、存储机制及限制。Excel 中默认的文件类型是 Excel 工作簿，Excel 2007 及其以上版本 Excel 工作簿的扩展名为 .xlsx，Excel 97 ~ Excel 2003 版本 Excel 工作簿的扩展名为 .xls。除此之外，Excel 2016 还可以将文件保存为 PDF 和 XML 数据等文件类型。Excel 2016 中常用的文件类型与其对应的扩展名见表 2-2。

表 2-2 Excel 2016 中常用的文件类型与其对应的扩展名

文件类型	扩展名	文件类型	扩展名
Excel 工作簿	.xlsx	Excel 启用宏的模板	.xltm
Excel 启用宏的工作簿	.xlsm	XML 数据	.xml
Excel 模板	.xltx	PDF	.pdf

二、选择行、列、单元格和区域

使用 Excel 进行数据处理时，通常需要对行、列、单元格和单元格区域进行插入、删除、移动、复制等操作，在进行这些操作之前，应先选择要操作的行、列、单元格和单元格区域。

选择行、列、单元格和单元格区域的操作方法见表 2-3。

表 2-3 选择行、列、单元格和单元格区域的操作方法

选择对象	操作方法
选择行	将鼠标指针移至待选行左侧的行号上，待其变成 ➡ 形状后，单击鼠标选择当前行。上下拖曳鼠标可选择连续的多行
选择列	将鼠标指针移至待选列顶端的列标上，待其变成 ⬇ 形状后，单击鼠标选择当前列。左右拖曳鼠标可选择连续的多列
选择单个单元格	当鼠标指针为 ✚ 形状时单击单元格
选择连续的单元格区域	将鼠标指针移至待选区域的第 1 个单元格，其为 ✚ 形状时，拖曳鼠标指针至对角单元格。或选择第 1 个单元格后，按住 Shift 键再选择对角单元格
选择不连续的单元格区域	选择第 1 个单元格或单元格区域后，按住 Ctrl 键，依次选择其他单元格或单元格区域
选择整个工作表	单击行号和列标交叉处的"全选"按钮，或按 Ctrl+A 组合键。若单击"全选"按钮，选择整个工作表后的活动单元格为 A1 单元格；若按 Ctrl+A 组合键，选择整个工作表后活动单元格不变
扩展选定区域	按 Shift+方向键可以将选定区域增加或减少一行或一列；按 Ctrl+Shift+方向键可以将选定区域扩展到指定方向的最后一个单元格

任务实施：制作职业技能培训登记表

一、新建并保存工作簿

制作职业技能培训登记表时，需要先启动 Excel 2016，新建一个空白工作簿并保存，便于后续在工作表中进行编辑操作，其具体操作如下。

（1）单击"开始"按钮，在弹出的菜单中选择"Excel 2016"命令，启动 Excel 2016。在打开的启动界面中直接选择"空白工作簿"选项，如图 2-2 所示。

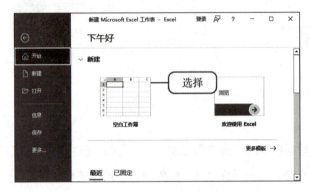

图 2-2 选择"空白工作簿"选项

（2）系统将新建一个名为"工作簿1"的空白工作簿，且该工作簿中仅有"Sheet1"一张工作表，如图 2-3 所示。

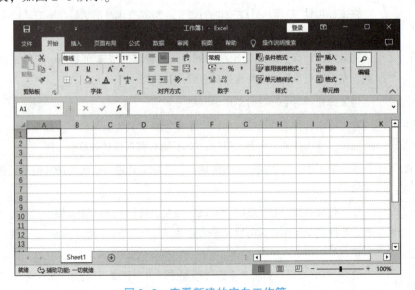

图 2-3 查看新建的空白工作簿

小贴士

按 Ctrl+N 组合键可快速新建工作簿；在桌面或文件夹的空白处单击鼠标右键，在弹出的快捷菜单中选择"新建"→"Microsoft Excel 工作表"命令也可以新建工作簿。

（3）单击快速访问工具栏中的"保存"按钮 ，或选择"文件"→"保存"命令，在打开的"另存为"界面中选择"浏览"选项，如图 2-4 所示。

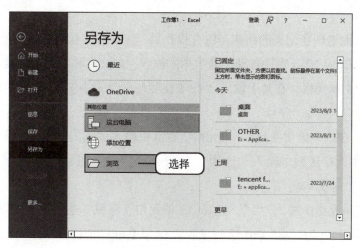

图 2-4 选择"浏览"选项

（4）在打开的"另存为"对话框中选择文件保存路径，在"文件名"文本框中输入"职业技能培训登记表"文本，然后单击"保存"按钮，如图 2-5 所示。

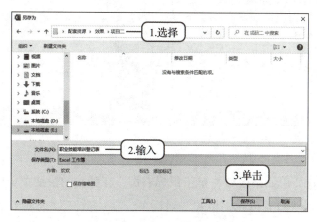

图 2-5 设置工作簿的保存路径和名称

> **小贴士**
>
> 第一次保存工作簿时，执行任意保存命令，都将进入"另存为"界面。选择"文件"→"另存为"命令也将进入"另存为"界面。在该界面中选择保存设置，打开"另存为"对话框，在其中可对工作簿的保存名称和路径进行设置。

二、输入工作表数据

完成职业技能培训登记表的新建与保存操作后，需要在工作表中输入数据，搭建工作表的内容框架。Excel 2016 支持各种类型数据的输入，如文本和数字等，其具体操作如下。

（1）选择 A1 单元格，在其中输入"职业技能培训登记表"文本，按 Enter 键切换到 A2 单元格，在其中输入"序号"文本。

（2）按 Tab 键或→键切换到 B2 单元格，在其中输入"部门"文本。使用相同的方法依次在 C2:H2 单元格区域中输入"性别""身份证号码""联系电话""学历""入职日期""报名项目"等文本。

（3）在 A3 单元格中输入"1"，选择 A3 单元格，将鼠标指针移动到 A3 单元格右下角，当其变为 ✚ 形状时，按住 Ctrl 键与鼠标左键拖曳鼠标指针至 A12 单元格，此时 A4:A12 单元格区域中将自动填充数据，如图 2-6 所示。

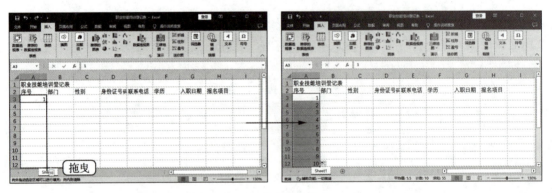

图 2-6 自动填充数据

（4）选择 D3:D12 单元格区域，单击鼠标右键，在弹出的快捷菜单中选择"设置单元格格式"命令。打开"设置单元格格式"对话框，在"数字"选项卡下的"分类"列表框中选择"文本"选项，然后单击"确定"按钮，如图 2-7 所示。

（5）返回工作表，在 D3:D12 单元格区域中输入身份证号码，在 E3:E12 单元格区域中输入联系电话，在 G3:G12 单元格区域中输入入职日期。

（6）选择 G3:G12 单元格区域，在"开始"选项卡"数字"组中单击"数字格式"

下拉列表框,在弹出的下拉列表中选择"长日期"选项,如图 2-8 所示。完成工作表数据的初步输入。

图 2-7 设置文本显示格式

图 2-8 设置日期显示格式

> **小贴士**
>
> 身份证号码一般为 18 位数字,在 Excel 2016 中默认以"数值"格式显示。但超过 15 位的数字在 Excel 2016 中会以"科学记数"格式显示,不符合身份证号码的显示要求,因此,需要将身份证号码的显示格式设置为文本格式,使其完整显示。

三、调整行高与列宽

在默认状态下,单元格的行高和列宽是固定不变的,输入职业技能培训登记表中的基本数据后，会发现部分单元格中的数据太多而不能完全显示，因此，需要调整单元格的行高与列宽，其具体操作如下。

（1）选择D列，将鼠标指针放在D列和E列的间隔线上，当鼠标指针变为┿形状时，按住鼠标左键向右拖曳鼠标，此时鼠标指针右侧将显示具体的列宽数值，拖曳至适合的距离后释放鼠标，如图2-9所示。

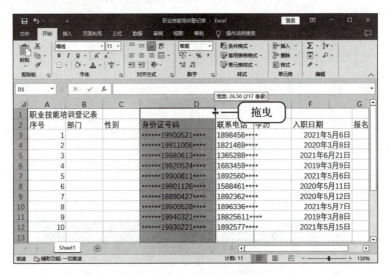

图 2-9　手动调整列宽

（2）选择E列，在"开始"选项卡"单元格"组中单击"格式"按钮，在弹出的下拉列表中选择"自动调整列宽"命令，如图2-10所示，可看到所选列自动变宽。

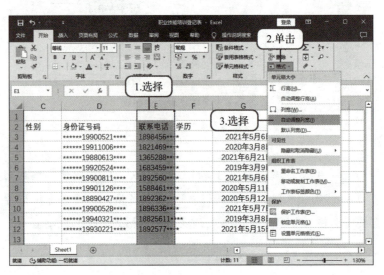

图 2-10　自动调整列宽

（3）使用相同的方法调整 F 列、G 列、H 列的列宽。然后将鼠标指针移动到第 1 行和第 2 行的间隔线上，当鼠标指针变为 形状时，按住鼠标左键向下拖曳鼠标，调整第 1 行的高度为"29.25"，如图 2-11 所示。

图 2-11　手动调整行高

（4）选择 2~12 行，在"开始"选项卡"单元格"组中单击"格式"按钮，在弹出的下拉列表中选择"行高"选项，打开"行高"对话框，在"行高"数值框中输入"20"，最后单击"确定"按钮，如图 2-12 所示。

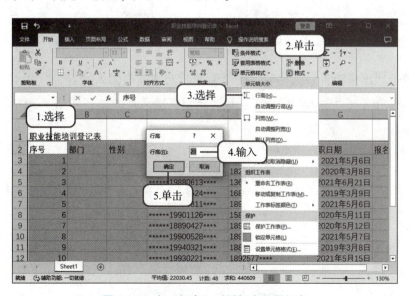

图 2-12　在"行高"对话框中设置行高

四、设置数据验证

为了避免职业技能培训登记表中部门、性别、学历、报名项目的内容输入错误,可以为这些单元格区域设置数据验证,其具体操作如下。

(1)选择 B3:B12 单元格区域,在"数据"选项卡"数据工具"组中单击"数据验证"按钮,打开"数据验证"对话框,默认打开"设置"选项卡,在"允许"下拉列表中选择"序列"选项,在"来源"文本框中输入"财务部,人事部,销售部,技术部"文本,如图 2-13 所示。

(2)单击"输入信息"选项卡,在"标题"文本框中输入"注意"文本,在"输入信息"文本框中输入"只能输入财务部、人事部、销售部、技术部中的某一个部门"文本,如图 2-14 所示。

图 2-13 设置数据来源

图 2-14 设置输入信息

(3)单击"出错警告"选项卡,在"标题"文本框中输入"警告"文本,在"错误信息"文本框中输入"输入的数据不正确,请重新输入"文本,单击"确定"按钮,如图 2-15 所示。

图 2-15 设置出错警告

> **小贴士**
>
> "允许"下拉列表中有多种选项,"序列"主要用于设置文本数据,还可选择"整数""小数""日期""时间""文本长度""自定义"等选项。

（4）在 B3:B12 单元格区域中依次输入对应的部门信息。然后使用相同的方法,设置 C3:C12 单元格区域的数据验证为"男,女",设置 F3:F12 单元格区域的数据验证为"专科,本科,硕士,博士",设置 H3:H12 单元格区域的数据验证为"技术培训,人力资源培训,销售培训",设置完成后,依次在对应的单元格中输入数据,输入数据后的效果如图 2-16 所示。

图 2-16 输入数据后的效果

五、设置单元格格式

完成所有数据的输入后,还需设置职业技能培训登记表中的单元格格式,包括合并单元格、设置单元格中字体格式、设置底纹和边框等,以美化工作表,其具体操作如下。

（1）选择 A1:H1 单元格区域,在"开始"选项卡"对齐方式"组中单击"合并后居中"按钮或单击该按钮右侧的下拉按钮,在打开的下拉列表中选择"合并后居中"命令。

（2）可以看到所选择的单元格区域合并为一个单元格,且单元格中的数据自动居中显示。

（3）保持单元格处于选择状态,在"开始"选项卡"字体"组中的"字体"下拉列表中选择"方正兰亭粗黑简体"选项,在"字号"下拉列表中选择"18"选项。

（4）选择 A2:H2 单元格区域,设置字体为"方正中等线简体",字号为"12",然后在"开始"选项卡"对齐方式"组中单击"居中"按钮。

(5) 在"开始"选项卡"字体"组中单击"填充颜色"按钮右侧的下拉按钮，在打开的下拉列表中选择"金色，个性色4，淡色60%"选项。选择 A3:H12 单元格区域，设置对齐方式为"居中"，完成后的效果如图 2-17 所示。

序号	部门	性别	身份证号码	联系电话	学历	入职日期	报名项目
			职业技能培训登记表				
1	技术部	男	******19900521****	1898456****	硕士	2021年5月6日	技术培训
2	人事部	女	******19911006****	1821469****	本科	2020年3月8日	人力资源培训
3	人事部	女	******19880613****	1365288****	专科	2021年6月21日	人力资源培训
4	人事部	男	******19920524****	1683459****	专科	2019年3月9日	人力资源培训
5	技术部	女	******19900811****	1892560****	本科	2021年5月6日	技术培训
6	技术部	男	******19901126****	1588461****	本科	2020年5月11日	技术培训
7	销售部	男	******18890427****	1892362****	专科	2020年5月12日	销售培训
8	销售部	女	******19900528****	1896336****	本科	2021年5月7日	销售培训
9	技术部	女	******19940321****	18825611****	硕士	2019年3月8日	技术培训
10	技术部	男	******19930221****	1892577****	本科	2021年5月15日	技术培训

图 2-17 设置单元格格式

(6) 选择 A1:H12 单元格区域，单击鼠标右键，在弹出的快捷菜单中选择"设置单元格格式"命令。打开"设置单元格格式"对话框，单击"边框"选项卡，再单击"预置"栏下方的"内部"按钮，设置内边框样式，如图 2-18 所示。

图 2-18 设置内边框样式

(7) 在"样式"列表框中选择第5排第2个选项，再单击"预置"栏下方的"外边框"按钮，设置外边框样式，完成后单击"确定"按钮，如图 2-19 所示。

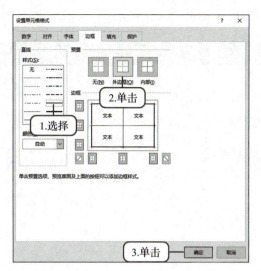

图 2-19　设置外边框样式

（8）返回工作表中即可看到最终效果，如图 2-20 所示。

职业技能培训登记表							
序号	部门	性别	身份证号码	联系电话	学历	入职日期	报名项目
1	技术部	男	******19900521****	1898456****	硕士	2021年5月6日	技术培训
2	人事部	女	******19911006****	1821469****	本科	2020年3月8日	人力资源培训
3	人事部	女	******19880613****	1365288****	专科	2021年6月21日	人力资源培训
4	人事部	男	******19920524****	1683459****	专科	2019年3月9日	人力资源培训
5	技术部	女	******19900811****	1892560****	本科	2021年5月6日	技术培训
6	技术部	男	******19901126****	1588461****	本科	2020年5月11日	技术培训
7	销售部	男	******18890427****	1892362****	专科	2020年5月12日	销售培训
8	销售部	女	******19900528****	1896336****	本科	2021年5月7日	销售培训
9	技术部	女	******19940321****	18825611****	硕士	2019年3月8日	技术培训
10	技术部	男	******19930221****	1892577****	本科	2021年5月15日	技术培训

图 2-20　最终效果

六、编辑工作表

完成职业技能培训登记表样式的设置后，为了便于辨认，还可以设置工作表的名称。若需要制作不同的工作表，则可插入新工作表；若需要制作格式类似的工作表，则可通过复制和移动工作表的方法快速得到新工作表。本例将按一年4个季度的形式制作工作表，其具体操作如下。

（1）在工作表标签上单击鼠标右键，在弹出的快捷菜单中选择"重命名"命令，工作表名称将以灰底显示，然后输入新的名称"第1季度"，按 Enter 键确认。按 Ctrl+A 组合键全选，按 Ctrl+C 组合键复制"第1季度"工作表中的所有内容，然后单击工作表标签右侧的"新工作表"按钮⊕，如图 2-21 所示。

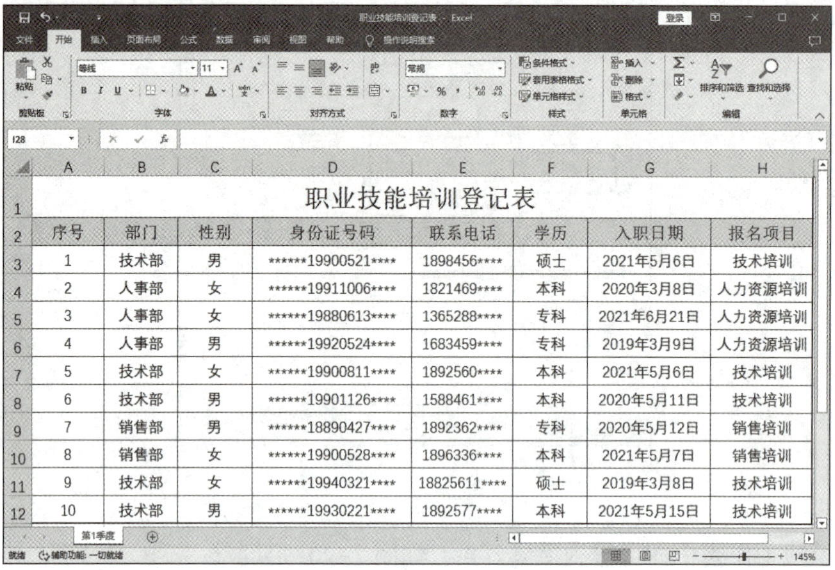

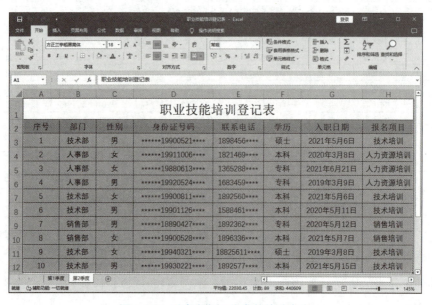

图 2-21　重命名工作表并添加新工作表

（2）此时将新建一个名为"Sheet1"的工作表，将该工作表重命名为"第 2 季度"，按 Ctrl+V 组合键粘贴"第 1 季度"工作表中的内容，效果如图 2-22 所示。

图 2-22　重命名新工作表并粘贴内容

（3）在"第 2 季度"工作表标签上单击鼠标右键，在弹出的快捷菜单中选择"移动或复制"命令，打开"移动或复制工作表"对话框。在"下列选定工作表之前"列表框中选择"（移至最后）"选项，单击选中"建立副本"复选框，然后单击"确定"按钮，如图 2-23 所示。

图 2-23 移动或复制工作表

（4）将复制的工作表重命名为"第 3 季度"，然后使用相同的方法制作"第 4 季度"工作表。

（5）在"第 1 季度"工作表标签上单击鼠标右键，在弹出的快捷菜单中选择"工作表标签颜色"命令，在弹出的"主题颜色"面板中选择"深红"选项，如图 2-24 所示。

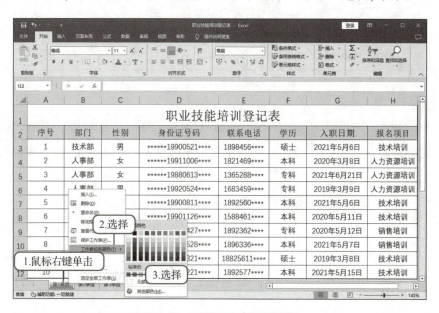

图 2-24 设置工作表标签颜色

（6）使用相同的方法，将"第 2 季度""第 3 季度""第 4 季度"工作表标签的颜色分别设置为"橙色""浅绿""浅蓝"。

七、保护工作表和工作簿

制作完职业技能培训登记表后，还可以对工作表和工作簿进行保护设置，防止他人篡改表格中的数据，其具体操作如下。

（1）在"审阅"选项卡"更改"组中单击"保护工作表"按钮，打开"保护工作表"对话框，在"取消工作表保护时使用的密码"文本框中输入密码，在"允许此工作表的所有用户进行"列表框中单击选中需要的选项，然后单击"确定"按钮；打开"确认密码"对话框，再次输入相同密码后单击"确定"按钮，如图 2-25 所示。

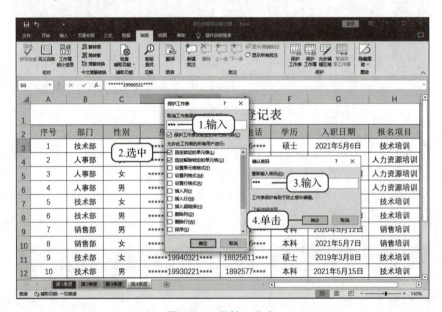

图 2-25　保护工作表

（2）在"审阅"选项卡"更改"组中单击"保护工作簿"按钮，打开"保护结构和窗口"对话框，在"密码（可选）"文本框中输入密码，单击"确定"按钮打开"确认密码"对话框，再次输入相同密码后单击"确定"按钮，如图 2-26 所示。

（3）按 Ctrl+S 组合键保存工作簿，完成职业技能培训登记表的制作。

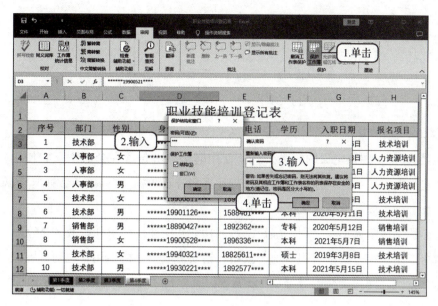

图 2-26　保护工作簿

任务二　编辑工作考核表

任务描述

本任务要求学生通过学习编辑工作考核表，掌握使用公式对电子表格数据进行处理的方法，巧妙选择合理的公式及函数，快速得到最终需要的数据。

知识储备

一、公式与函数的组成

（一）公式的组成

Excel 中的公式以等号（=）开头，后面是参与计算的元素（运算数）和运算符，运算数可以是常量，也可以是单元格或单元格区域的引用、名称、函数等。

图 2-27 所示公式的意义是：求以 A2 单元格的值为半径的圆的面积，即用 PI 函数求出圆周率乘以 A2 的 2 次方。

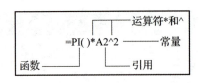

图 2-27 公式的组成

（二）函数的组成

Excel 函数是一些预定义的命名公式，使用时必须被包含在公式中。它使用一些称为参数的特定数据，按特定顺序或结构来执行计算和分析数据。Excel 函数通常由函数名称、左括号、参数列表和右括号构成。

函数名称不区分大小写，用于确定函数的功能和用途，如求和函数 SUM。

参数可以是数字、文本、逻辑值、数组、错误值或单元格引用，也可以是公式或其他函数。多个参数之间用英文逗号（,）分隔。

二、运算符及优先顺序

运算符是对公式中的元素进行特定类型运算的符号。Excel 中包含引用运算符、算术运算符、比较运算符和文本运算符 4 类运算符。

（1）引用运算符：用于对单元格区域进行合并计算。

（2）算术运算符：用来完成算术运算，如加、减、乘、除、乘幂等。

（3）比较运算符：用于比较数据大小，包括数值和文本的比较。运算结果为逻辑值"TRUE（真）"或"FALSE（假）"。

（4）文本运算符：用于连接多个文本。例如，"="Excel 2016"&"应用技术""的结果为"Excel 2016 应用技术"。

如果公式中同时用到多个运算符，Excel 将按运算符的优先顺序进行运算，相同优先级的运算符从左到右进行运算。运算符及优先顺序见表 2-4。

表 2-4 运算符及优先顺序

运算符	说明	优先级	示例
:和,	引用运算符	1	=SUM（A1:A5,A8）
-	算术运算符：负号	2	=3*-5
%	算术运算符：百分比	3	=80*5%
^	算术运算符：乘幂	4	=3^2
*和/	算术运算符：乘和除	5	=3*10/5
+和-	算术运算符：加和减	6	=3+2-5

续表

运算符	说明	优先级	示例
&	文本运算符：文本连接符	7	="Excel"&"2016"
=、<>、<、>、<=、>=	比较运算符：等于、不等于、小于、大于、小于或等于、大于或等于	8	=A1=A2 =B2<>"男"

> **小贴士**
>
> 若要更改公式的计算顺序，可以将公式中需要先计算的部分包含在括号中。例如，公式"=5+2*3"将2与3相乘，然后再加上5，结果为11。如果用括号将该公式更改为"=(5+2)*3"，则先求出5加2之和，再用结果乘以3，得21。

三、Excel 中的常用函数

Excel 针对不同的数据类型提供了不同的函数，表 2-5 列出了常用的函数类型和使用范例。

表 2-5 常用的函数类型和使用范例

函数类型	函数	使用范例
常用	SUM（求和）、AVERAGE（求平均值）、MAX（求最大值）、MIN（求最小值）、COUNT（数值计数）等	=AVERAGE(E2:I2) 计算 F2:F7 单元格区域中数字的平均值
财务	DB（求资产的折旧值）、IRR（求现金流的内部报酬率）、PMT（求固定利率下贷款的分期偿还额）等	=PMT(0.45%,120,100000) 计算月利率为 0.45%时，100000 元贷款分 120 个月还清，每个月的还款额
日期与时间	YEAR（求年份）、MONTH（求月份）、DAY（求天数）、TODAY（返回当前日期）、NOW（返回当前时间）等	=YEAR(2022-12-31) 计算 2022 年 12 月 31 日的年份为 2022
数学与三角	ABS（求绝对值）、INT（求整数）、ROUND（求四舍五入）、SQRT（求平方）、RANDBETWEEN（求随机数）等	=ROUND(1234.567,2) 把 1234.567 保留两位小数，结果为 1234.57
统计	RANK（求大小排名）、COUNTIFS（统计单元格区域中符合多个条件的单元格数）、COUNTBLANK（求空单元格数）、SUMIFS（多条件求和）等	=COUNTIFS(H3:H13,">=90",C3:C13,"男") 求 H3:H13 中数据大于等于 90，且 C3:C13 中为"男"的行数
逻辑	AND（与）、OR（或）、NOT（非）、FALSE（假）、TRUE（真）、IF（如果）	=IF(A3>=60,"及格","不及格") 判断 A3 是否大于或等于 60，是就返回"及格"，否则，返回"不及格"

续表

函数类型	函数	使用范例
文本	LEFT（求左子串）、RIGHT（求右子串）、MID（求子串）、LEN（求字符串长度）、EXACT（求两个字符串是否相同）等	=LEN("计算机应用基础") 计算文本长度，结果为7
信息	ISBLANK（判断是否为空单元格）、ISEVEN（判断是否为偶数）、ISERROR（判断是否为错误值）等	=ISEVEN（G4） 判断G4单元格的值是否为偶数
查找与引用	ROW（求行序号）、COLUMN（求列序号）、VLOOKUP（在表区域首列搜索满足条件的单元格，返回指定列的值）等	=ROW（） 求当前单元格的行序号

任务实施：编辑工作考核表

一、使用求和函数 SUM 计算总分

工作考核表中包含很多数据，这些数据需要经过统一核算后才能体现个人的实际成绩，使用函数可以较为方便地对数据进行处理和分析。计算各项成绩之和要用到 Excel 2016 中比较常用的求和操作，其具体操作如下。

（1）打开"工作考核表.xlsx"工作簿（配套资源:\素材\项目二\工作考核表.xlsx），选择 H3 单元格，在"公式"选项卡"函数库"组中单击"自动求和"按钮 Σ。

（2）此时，H3 单元格中将插入求和函数"SUM"，同时，Excel 2016 将自动识别函数参数"C3:G3"，如图 2-28 所示。

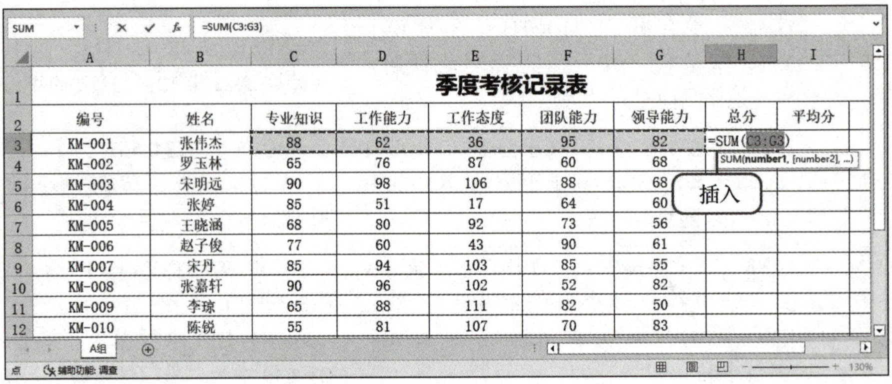

图 2-28 插入求和函数

（3）单击编辑栏中的"输入"按钮 ✓，完成 H3 单元格中的求和计算。将鼠标指针

移动到 H3 单元格的右下角，当鼠标指针变为十形状时，按住鼠标左键向下拖曳，至 H14 单元格时释放鼠标左键，系统将自动计算出每一位员工的考核总分，如图 2-29 所示。

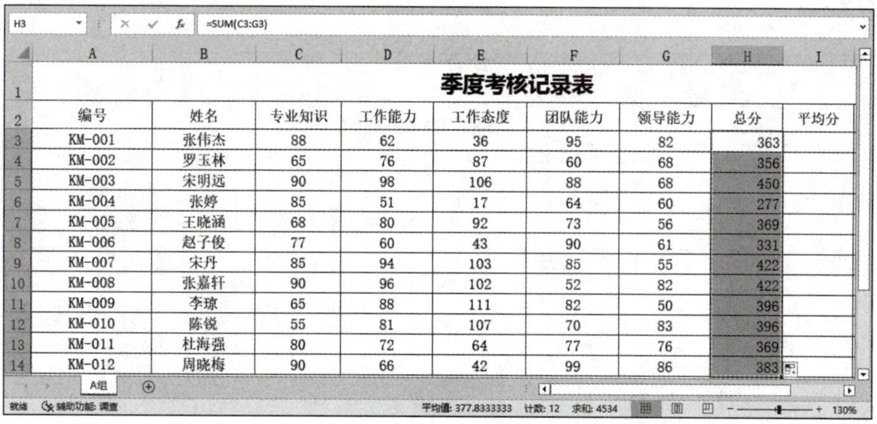

H3 =SUM(C3:G3)

季度考核记录表

编号	姓名	专业知识	工作能力	工作态度	团队能力	领导能力	总分	平均分
KM-001	张伟杰	88	62	36	95	82	363	
KM-002	罗玉林	65	76	87	60	68	356	
KM-003	宋明远	90	98	106	88	68	450	
KM-004	张婷	85	51	17	64	60	277	
KM-005	王晓涵	68	80	92	73	56	369	
KM-006	赵子俊	77	60	43	90	61	331	
KM-007	宋丹	85	94	103	85	55	422	
KM-008	张嘉轩	90	96	102	52	82	422	
KM-009	李琼	65	88	111	82	50	396	
KM-010	陈锐	55	81	107	70	83	396	
KM-011	杜海强	80	72	64	77	76	369	
KM-012	周晓梅	90	66	42	99	86	383	

平均值: 377.8333333 计数: 12 求和: 4534

图 2-29 自动填充总分

二、使用平均值函数 AVERAGE 计算平均分

AVERAGE 函数用来计算某一单元格区域中的数据平均值，即先将单元格区域中的数据相加再除以单元格个数。在工作考核表中，可以通过该函数查看员工考核的平均成绩，其具体操作如下。

（1）选择 I3 单元格，在“公式”选项卡“函数库”组中单击“自动求和”按钮∑下方的下拉按钮▾，在弹出的下拉列表中选择“平均值”选项。

（2）此时，I3 单元格中将插入平均值函数“AVERAGE”，同时，Excel 2016 将自动识别函数参数“C3:H3”，手动将其更改为“C3:G3”，如图 2-30 所示。

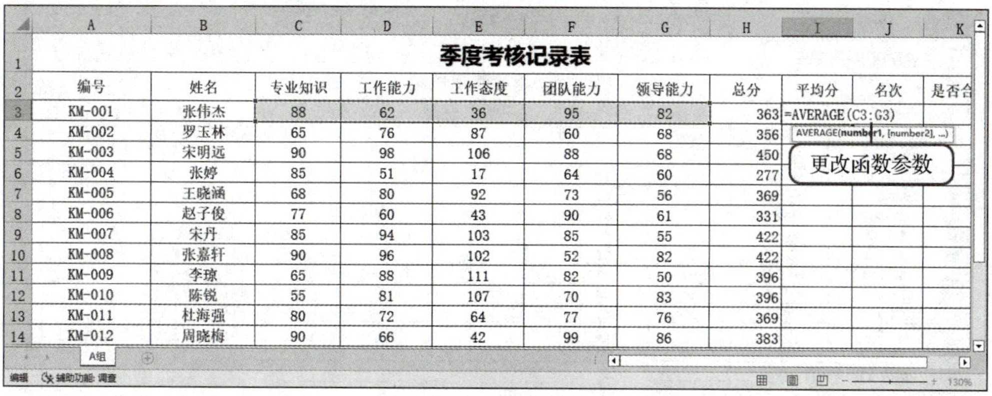

季度考核记录表

编号	姓名	专业知识	工作能力	工作态度	团队能力	领导能力	总分	平均分	名次	是否合
KM-001	张伟杰	88	62	36	95	82	363	=AVERAGE(C3:G3)		
KM-002	罗玉林	65	76	87	60	68	356			
KM-003	宋明远	90	98	106	88	68	450			
KM-004	张婷	85	51	17	64	60	277			
KM-005	王晓涵	68	80	92	73	56	369			
KM-006	赵子俊	77	60	43	90	61	331			
KM-007	宋丹	85	94	103	85	55	422			
KM-008	张嘉轩	90	96	102	52	82	422			
KM-009	李琼	65	88	111	82	50	396			
KM-010	陈锐	55	81	107	70	83	396			
KM-011	杜海强	80	72	64	77	76	369			
KM-012	周晓梅	90	66	42	99	86	383			

图 2-30 更改函数参数

（3）单击编辑栏中的“输入”按钮，完成 I3 单元格中的平均值计算。

（4）将鼠标指针移动到 I3 单元格右下角，当鼠标指针变为**+**形状时，按住鼠标左键向下拖曳，至 I14 单元格时释放鼠标左键，系统将自动计算出每一位员工的考核平均分，如图 2-31 所示。

季度考核记录表										
编号	姓名	专业知识	工作能力	工作态度	团队能力	领导能力	总分	平均分	名次	是否合
KM-001	张伟杰	88	62	36	95	82	363	72.6		
KM-002	罗玉林	65	76	87	60	68	356	71.2		
KM-003	宋明远	90	98	106	88	68	450	90		
KM-004	张婷	85	51	17	64	60	277	55.4		
KM-005	王晓涵	68	80	92	73	56	369	73.8		
KM-006	赵子俊	77	60	43	90	61	331	66.2		
KM-007	宋丹	85	94	103	85	55	422	84.4		
KM-008	张嘉轩	90	96	102	52	82	422	84.4		
KM-009	李琼	65	88	111	82	50	396	79.2		
KM-010	陈锐	55	81	107	70	83	396	79.2		
KM-011	杜海强	80	72	64	77	76	369	73.8		
KM-012	周晓梅	90	66	42	99	86	383	76.6		

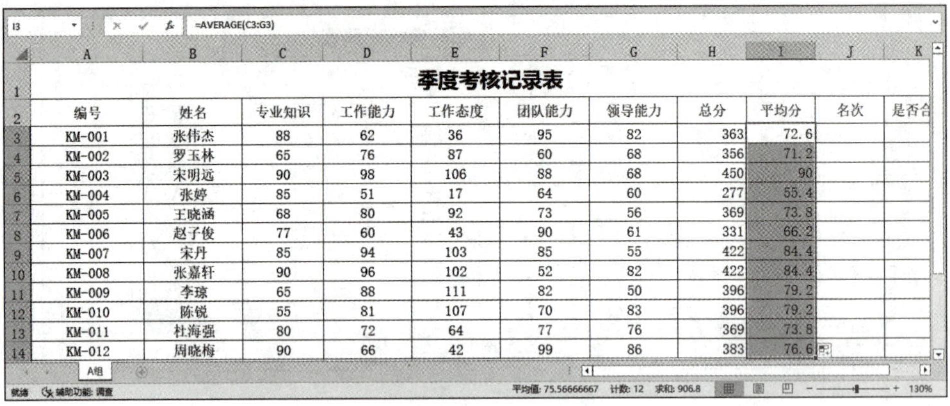

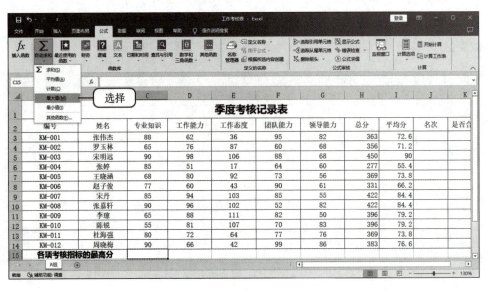

图 2-31　自动填充平均分

三、使用最大值函数 MAX 和最小值函数 MIN 计算考核成绩

MAX 函数和 MIN 函数用于显示一组数据中的最大值或最小值，在工作考核表中可以通过这两个函数查看最大值和最小值之间的对比情况，其具体操作如下。

（1）选择 C15 单元格，在“公式”选项卡“函数库”组中单击“自动求和”按钮Σ下方的下拉按钮▾，在弹出的下拉列表中选择“最大值”选项，如图 2-32 所示。

季度考核记录表										
编号	姓名	专业知识	工作能力	工作态度	团队能力	领导能力	总分	平均分	名次	是否合
KM-001	张伟杰	88	62	36	95	82	363	72.6		
KM-002	罗玉林	65	76	87	60	68	356	71.2		
KM-003	宋明远	90	98	106	88	68	450	90		
KM-004	张婷	85	51	17	64	60	277	55.4		
KM-005	王晓涵	68	80	92	73	56	369	73.8		
KM-006	赵子俊	77	60	43	90	61	331	66.2		
KM-007	宋丹	85	94	103	85	55	422	84.4		
KM-008	张嘉轩	90	96	102	52	82	422	84.4		
KM-009	李琼	65	88	111	82	50	396	79.2		
KM-010	陈锐	55	81	107	70	83	396	79.2		
KM-011	杜海强	80	72	64	77	76	369	73.8		
KM-012	周晓梅	90	66	42	99	86	383	76.6		
各项考核指标的最高分										

图 2-32　选择“最大值”选项

（2）此时，C15 单元格中将插入最大值函数“MAX”，同时，Excel 2016 将自动识别函数参数“C3：C14”，如图 2-33 所示。

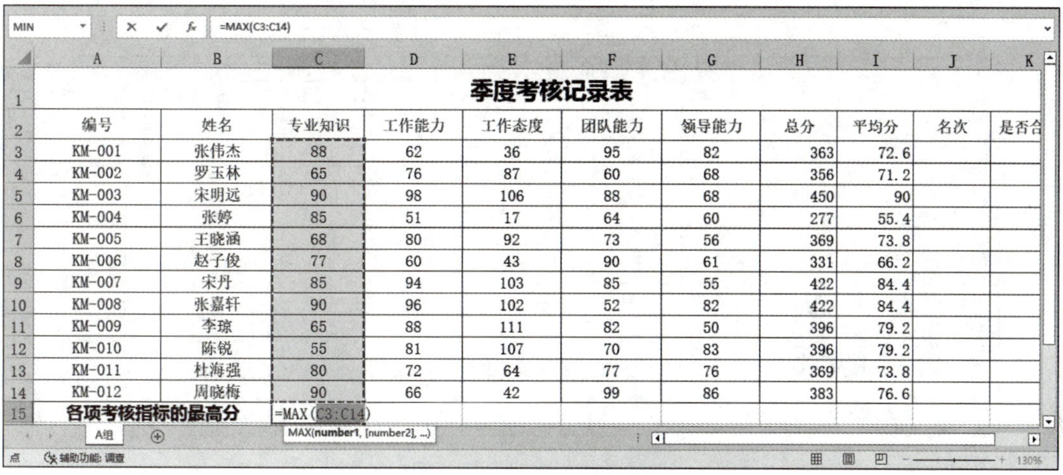

	A	B	C	D	E	F	G	H	I	J	K
1	季度考核记录表										
2	编号	姓名	专业知识	工作能力	工作态度	团队能力	领导能力	总分	平均分	名次	是否合
3	KM-001	张伟杰	88	62	36	95	82	363	72.6		
4	KM-002	罗玉林	65	76	87	60	68	356	71.2		
5	KM-003	宋明远	90	98	106	88	68	450	90		
6	KM-004	张婷	85	51	17	64	60	277	55.4		
7	KM-005	王晓涵	68	80	92	73	56	369	73.8		
8	KM-006	赵子俊	77	60	43	90	61	331	66.2		
9	KM-007	宋丹	85	94	103	85	55	422	84.4		
10	KM-008	张嘉轩	90	96	102	52	82	422	84.4		
11	KM-009	李琼	65	88	111	82	50	396	79.2		
12	KM-010	陈锐	55	81	107	70	83	396	79.2		
13	KM-011	杜海强	80	72	64	77	76	369	73.8		
14	KM-012	周晓梅	90	66	42	99	86	383	76.6		
15	各项考核指标的最高分		=MAX(C3:C14)								

图 2-33　插入最大值函数

（3）单击编辑栏中的“输入”按钮，完成 C15 单元格中的最大值计算。将鼠标指针移动到 C15 单元格的右下角，当鼠标指针变为╋形状时，按住鼠标左键向右拖曳，至 G15 单元格时释放鼠标左键，系统将自动计算出各项考核指标中的最高分。

（4）选择 C16 单元格，在“公式”选项卡“函数库”组中单击“自动求和”按钮Σ下方的下拉按钮▾，在弹出的下拉列表中选择“最小值”选项。

（5）此时，C16 单元格中将插入最小值函数“MIN”，同时，Excel 2016 将自动识别函数参数“C3：C15”，手动将其更改为“C3：C14”。单击编辑栏中的“输入”按钮，完成 C16 单元格中的最小值计算，如图 2-34 所示。

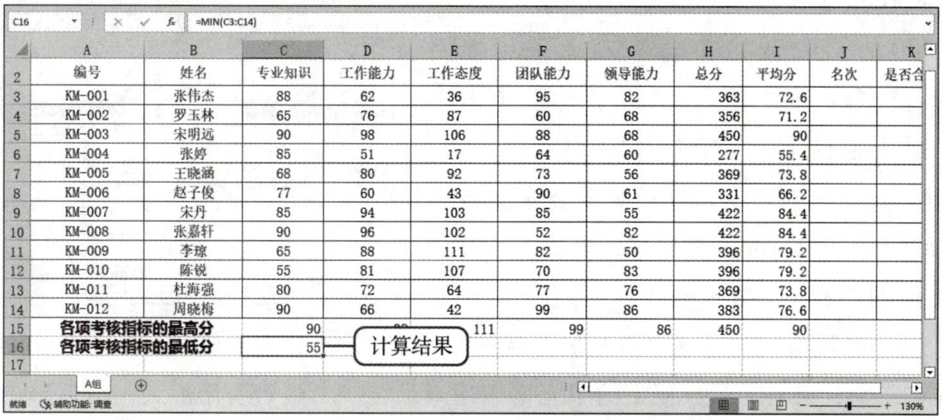

	A	B	C	D	E	F	G	H	I	J	K
2	编号	姓名	专业知识	工作能力	工作态度	团队能力	领导能力	总分	平均分	名次	是否合
3	KM-001	张伟杰	88	62	36	95	82	363	72.6		
4	KM-002	罗玉林	65	76	87	60	68	356	71.2		
5	KM-003	宋明远	90	98	106	88	68	450	90		
6	KM-004	张婷	85	51	17	64	60	277	55.4		
7	KM-005	王晓涵	68	80	92	73	56	369	73.8		
8	KM-006	赵子俊	77	60	43	90	61	331	66.2		
9	KM-007	宋丹	85	94	103	85	55	422	84.4		
10	KM-008	张嘉轩	90	96	102	52	82	422	84.4		
11	KM-009	李琼	65	88	111	82	50	396	79.2		
12	KM-010	陈锐	55	81	107	70	83	396	79.2		
13	KM-011	杜海强	80	72	64	77	76	369	73.8		
14	KM-012	周晓梅	90	66	42	99	86	383	76.6		
15	各项考核指标的最高分		90	[illegible]	111	99	86	450	90		
16	各项考核指标的最低分		55								
17											

图 2-34　插入最小值函数

（6）将鼠标指针移动到 C16 单元格右下角，当鼠标指针变为✚形状时，按住鼠标左键向右拖曳，拖曳至 G16 单元格时释放鼠标左键，系统将自动计算出各项考核指标中的最低分，如图 2-35 所示。

	A	B	C	D	E	F	G	H	I	J	K
2	编号	姓名	专业知识	工作能力	工作态度	团队能力	领导能力	总分	平均分	名次	是否合
3	KM-001	张伟杰	88	62	36	95	82	363	72.6		
4	KM-002	罗玉林	65	76	87	60	68	356	71.2		
5	KM-003	宋明远	90	98	106	88	68	450	90		
6	KM-004	张婷	85	51	17	64	60	277	55.4		
7	KM-005	王晓涵	68	80	92	73	56	369	73.8		
8	KM-006	赵子俊	77	60	43	90	61	331	66.2		
9	KM-007	宋丹	85	94	103	85	55	422	84.4		
10	KM-008	张嘉轩	90	96	102	52	82	422	84.4		
11	KM-009	李琼	65	88	111	82	50	396	79.2		
12	KM-010	陈锐	55	81	107	70	83	396	79.2		
13	KM-011	杜海强	80	72	64	77	76	369	73.8		
14	KM-012	周晓梅	90	66	42	99	86	383	76.6		
15	各项考核指标的最高分		90	98	111	99	86	450	90		
16	各项考核指标的最低分		55	51	17	52	50	277	55.4		
17											

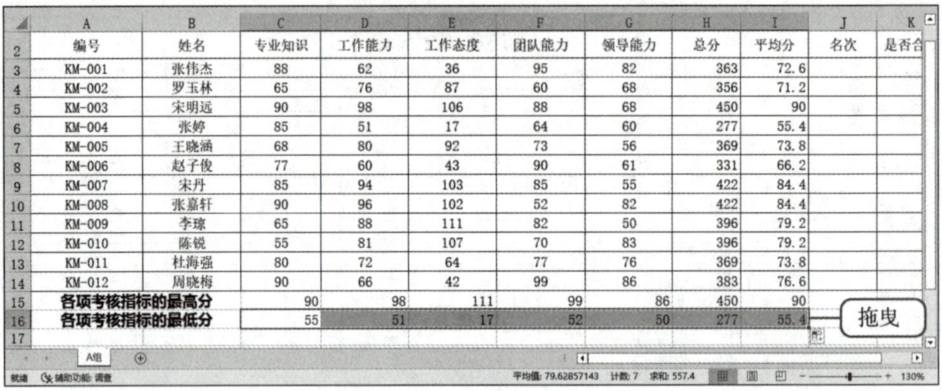

图 2-35　自动计算出各项考核指标中的最低分

四、使用排名函数 RANK 计算名次

RANK 函数用来显示某个数据在数据列表中的排名，在工作考核表中可以用来查看员工的考核成绩排名，其具体操作如下。

（1）选择 J3 单元格，在“公式”选项卡“函数库”组中单击“插入函数”按钮 *fx* 或按 Shift+F3 组合键，打开“插入函数”对话框。

（2）在“或选择类别”下拉列表框中选择“全部”选项，在“选择函数”列表框中选择“RANK”选项，单击“确定”按钮，如图 2-36 所示。

图 2-36　选择 RANK 函数

（3）打开“函数参数”对话框，在“Number”参数框中输入“H3”，然后单击“Ref”参数框右侧的“收缩”按钮⬆。

（4）此时该对话框将处于收缩状态，拖曳鼠标选择 H3:H14 单元格区域，再单击该对话框右侧的“展开”按钮▣。

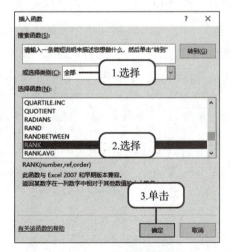

（5）“函数参数”对话框恢复展开状态，按“F4”键将“Ref”参数框中的单元格引用地址转换为绝对引用形式，然后单击“确定”按钮，如图 2-37 所示。

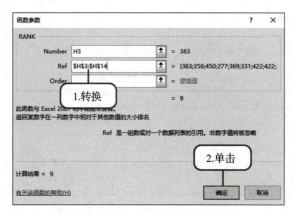

图 2-37 设置函数参数

(6) 返回工作表中即可查看排名情况,选中 J3 单元格。将鼠标指针移动到 J3 单元格右下角,当鼠标指针变为+形状时,按住鼠标左键向下拖曳,至 J14 单元格时释放鼠标左键,系统将自动计算出每一位员工的名次。

五、使用 IF 嵌套函数判断考核成绩是否合格

IF 嵌套函数用于判断数据表中的某个数据是否满足指定条件,如果满足,则返回特定值,不满足则返回其他值。在工作考核表中,可通过 IF 函数判断员工的考核成绩是否合格,其具体操作如下。

(1) 选择 K3 单元格,单击编辑栏中的"插入函数"按钮,打开"插入函数"对话框,在"或选择类别"下拉列表框中选择"逻辑"选项,在"选择函数"列表框中选择"IF"选项,单击"确定"按钮,如图 2-38 所示。

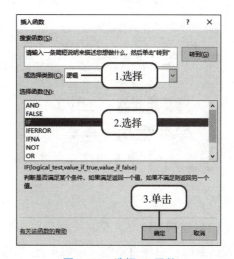

(2) 打开"函数参数"对话框,分别在 3 个参数框中输入判断条件和返回的逻辑值,最后单击"确定"按钮,如图 2-39 所示。

图 2-38 选择 IF 函数

(3) 返回工作表,可看到由于 H3 单元格中的值小于"390",因此 K3 单元格中显示了"不合格"。将鼠标指针移动到 K3 单元格右下角,当鼠标指针变为+形状时,按住鼠标左键向下拖曳,至 K14 单元格时,释放鼠标左键,系统自动判断其他员工的考核成绩是否满足合格条件,若总分低于"390",则显示"不合格"。

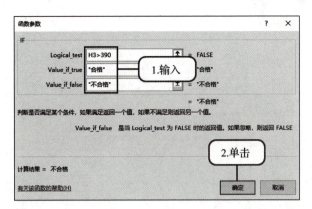

图 2-39　设置判断条件和返回逻辑值

六、使用 INDEX 函数查询成绩

INDEX 函数用于显示工作表或单元格区域中的值或对值的引用。在工作考核表中可通过 INDEX 函数查找指定员工的成绩，其具体操作如下。

（1）选择 C18 单元格，在编辑栏中输入"=INDEX("，编辑框下方将自动提示 INDEX 函数的参数输入规则。拖曳鼠标选择 B3:G14 单元格区域，编辑框中将自动输入函数参数"B3:G14"。

（2）继续在编辑框中输入函数参数",10,6)"，然后单击编辑栏中的"输入"按钮，如图 2-40 所示，完成 C18 单元格中的计算。

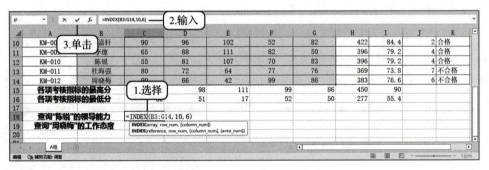

图 2-40　确认应用函数

（3）选择 C19 单元格，在编辑栏中输入"=INDEX("，拖曳鼠标选择 B3:G14 单元格区域，编辑栏中将自动输入函数参数"B3:G14"，如图 2-41 所示。

（4）继续在编辑栏中输入函数参数",12,4)"，按 Ctrl+Enter 组合键完成 C19 单元格中的计算。

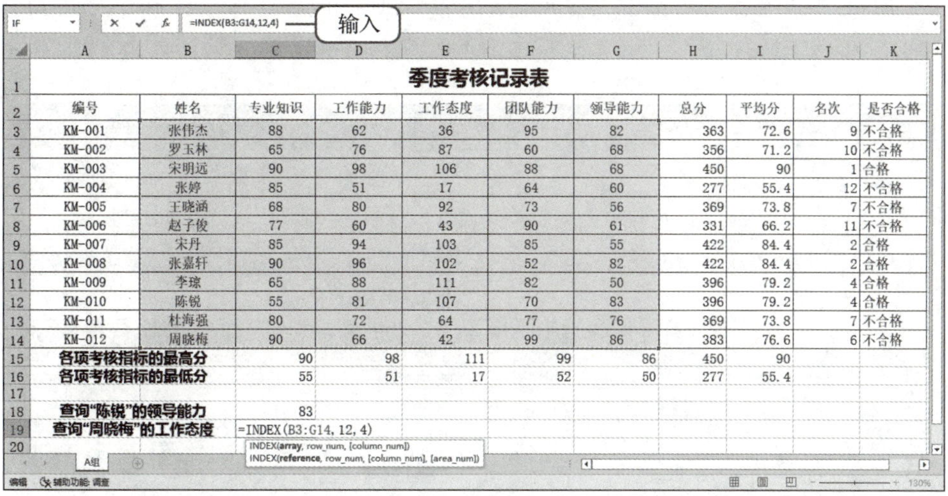

图 2-41 输入函数参数

七、应用表格样式

Excel 2016 为用户提供了丰富的表格样式，用户可以快速应用表格样式从而获得美观的工作表效果。在工作考核表中，可以为表格的主体区域应用表格样式，其具体操作如下。

（1）选择 A2:K14 单元格区域，在"开始"选项卡"样式"组中单击"套用表格格式"按钮，在打开的下拉列表中选择"表样式中等深浅 10"选项，如图 2-42 所示。

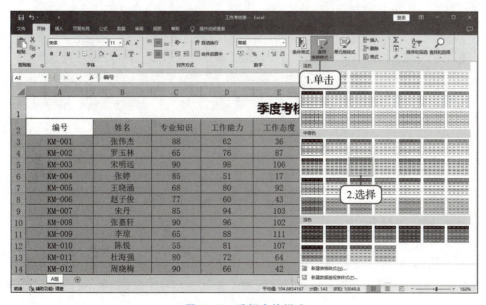

图 2-42 选择表格样式

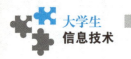

（2）打开“创建表”对话框，保持对话框中的默认设置，单击“确定”按钮，如图 2-43 所示，应用表格样式。

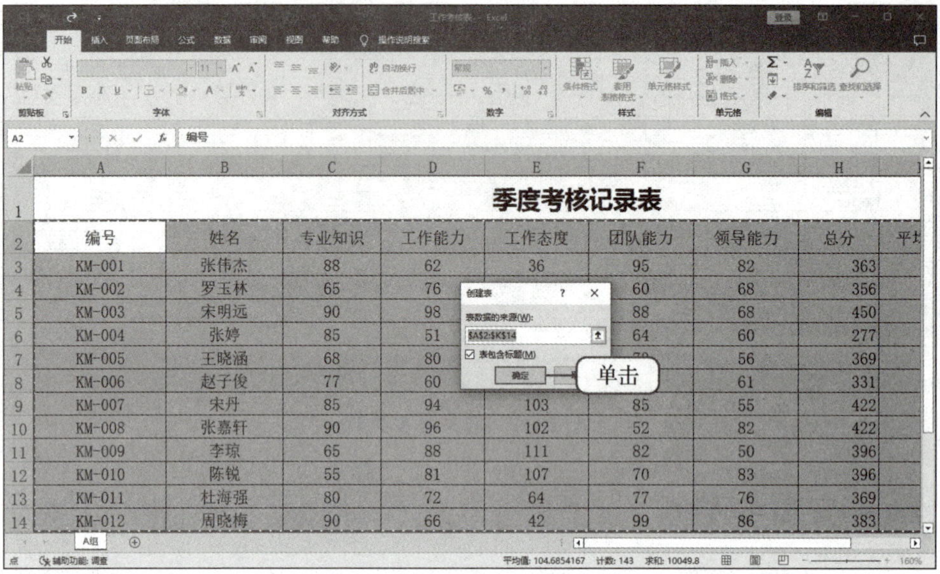

图 2-43　应用表格样式

（3）在工作表中可查看应用表格样式后的效果，如图 2-44 所示。

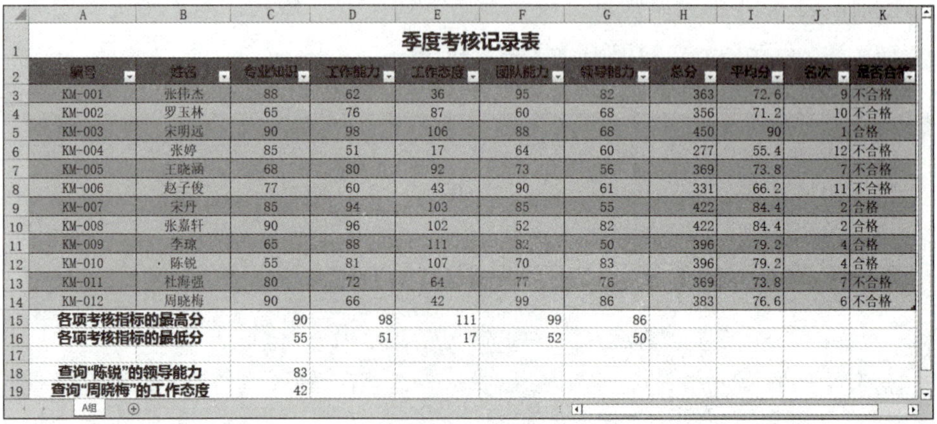

季度考核记录表

编号	姓名	专业知识	工作能力	工作态度	团队能力	领导能力	总分	平均分	名次	是否合格
KM-001	张伟杰	88	62	36	95	82	363	72.6	9	不合格
KM-002	罗玉林	65	76	87	60	68	356	71.2	10	不合格
KM-003	宋明远	90	98	106	88	68	450	90	1	合格
KM-004	张婷	85	51	17	64	60	277	55.4	12	不合格
KM-005	王晓涵	68	80	92	73	56	369	73.8	7	不合格
KM-006	赵子俊	77	60	43	90	61	331	66.2	11	不合格
KM-007	宋丹	85	94	103	85	55	422	84.4	2	合格
KM-008	张嘉轩	90	96	102	52	82	422	84.4	2	合格
KM-009	李琼	65	88	111	82	50	396	79.2	4	合格
KM-010	陈锐	55	81	107	70	83	396	79.2	4	合格
KM-011	杜海强	80	72	64	77	76	369	73.8	7	不合格
KM-012	周晓梅	90	66	42	99	86	383	76.6	6	不合格
各项考核指标的最高分		90	98	111	99	86				
各项考核指标的最低分		55	51	17	52	50				
查询“陈锐”的领导能力		83								
查询“周晓梅”的工作态度		42								

图 2-44　查看效果

八、设置条件样式

Excel 2016 能将符合条件的单元格设置成特殊格式，以便直观查看与区分数据。在工作考核表中，可以设置需要重点查看的单元格，如排名前 3、成绩不合格的单元格等，其具体操作如下。

(1) 选择 J3:J14 单元格区域，在"开始"选项卡"样式"组中单击"条件格式"按钮，在弹出的下拉列表中选择"突出显示单元格规则"→"介于"命令，如图 2-45 所示。

图 2-45　选择突出显示单元格规则

(2) 打开"介于"对话框，在"为介于以下值之间的单元格设置格式"栏下的数值框中分别输入"1""3"，在"设置为"下拉列表中选择"绿填充色深绿色文本"选项，单击"确定"按钮，如图 2-46 所示。

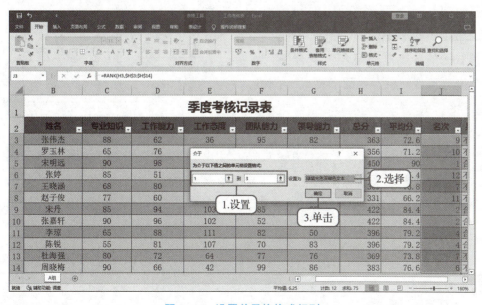

图 2-46　设置单元格格式规则

(3)返回工作表中并选择 K3：K14 单元格区域，再次单击"条件格式"按钮，在弹出的下拉列表栏中选择"新建规则"命令，如图 2-47 所示。

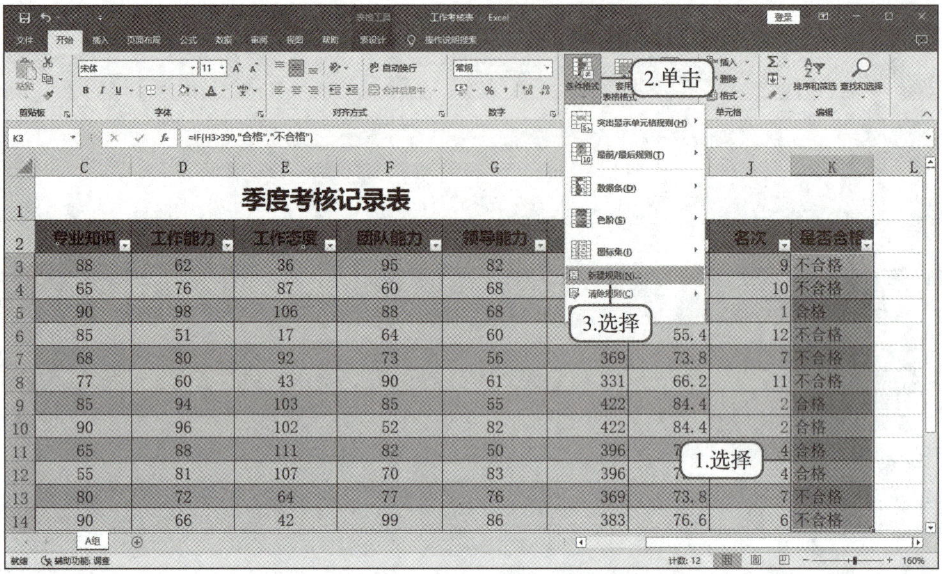

图 2-47 选择条件格式

(4)打开"新建格式规则"对话框，在"选择规则类型"列表框中选择"只为包含以下内容的单元格设置格式"选项；分别单击"只为满足以下条件的单元格设置格式"栏下的下拉列表框，在弹出的下拉列表中分别选择"单元格值""等于"选项，然后在其右侧的参数框中输入"不合格"文本；单击"预览"栏右侧的"格式"按钮，如图 2-48 所示。

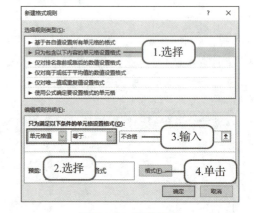

图 2-48 编辑规则

(5)打开"设置单元格格式"对话框，单击"填充"选项卡，选择"黄色"选项，然后单击"确定"按钮，如图 2-49 所示。

(6)返回"新建格式规则"对话框，再次单击"确定"按钮，在工作表中可看到设置了条件格式的工作表效果，如图 2-50 所示。

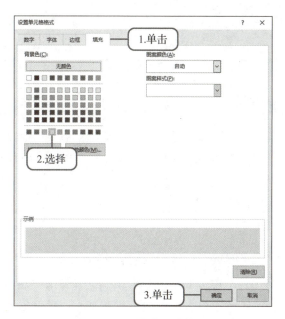

图 2-49　设置单元格格式

	A	B	C	D	E	F	G	H	I	J	K
1	季度考核记录表										
2	编号	姓名	专业知识	工作能力	工作态度	团队能力	领导能力	总分	平均分	名次	是否合格
3	KM-001	张伟杰	88	62	36	95	82	363	72.6	9	不合格
4	KM-002	罗玉林	65	76	87	60	68	356	71.2	10	不合格
5	KM-003	宋明远	90	98	106	88	68	450	90	1	合格
6	KM-004	张婷	85	51	17	64	60	277	55.4	12	不合格
7	KM-005	王晓涵	68	80	92	73	56	369	73.8	7	不合格
8	KM-006	赵子俊	77	60	43	90	61	331	66.2	11	不合格
9	KM-007	宋丹	85	94	103	85	55	422	84.4	2	合格
10	KM-008	张嘉轩	90	96	102	52	82	422	84.4	2	合格
11	KM-009	李琼	65	88	111	82	50	396	79.2	4	合格
12	KM-010	陈锐	55	81	107	70	83	396	79.2	4	合格
13	KM-011	杜海强	80	72	64	77	76	369	73.8	7	不合格
14	KM-012	周晓梅	90	66	42	99	86	383	76.6	6	不合格

A组

图 2-50　设置条件格式后的效果

任务三　统计分析产品销量表

任务描述

本任务要求学生通过统计分析产品销量表，掌握对表格数据的分析与管理，包括对数据进行排序、对数据进行筛选、对数据进行分类汇总、创建并编辑数据透视表、创建数据透视图等。

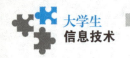

知识储备

一、数据清单的概念

在 Excel 中，数据清单是包含相似数据组的带标题的一组工作表数据行，它与一张二维数据表非常类似，所以用户也可以将数据清单看作数据库，其中行作为数据库中的记录，列对应数据库中的字段，列标题作为数据库中的字段名称。借助数据清单，Excel 就能实现数据库中的数据管理功能——筛选、排序以及一些分析操作，将它们应用到数据清单中的数据上。

图 2-51 是一个数据清单的例子，这个数据清单的范围从 A4 到 H46，包含一行列标题（第 4 行）和若干行数据，其中每行数据由 8 列组成。数据清单也称关系表，表中的数据是按某种关系组织起来的。要使用 Excel 的数据管理功能，首先必须将表格创建为数据清单。数据清单是一种特殊的表格，其特殊性在于：此类表格至少由两个必备部分构成——表结构和纯数据。

	A	B	C	D	E	F	G	H
1	东正软件公司							
2	员工薪水表							
3	东正软件公司财务表							
4	序号	姓名	部门	分公司	工作时间	工作时数	小时报酬	薪水
5	0101	黄强	软件部	北京	93/3/6	160	28	4480
6	0102	蒋倩	销售部	南京	89/11/10	140	30	4200
7	0103	宋国英	培训部	西安	90/9/28	150	27	4050
8	0104	王伟	销售部	长沙	84/4/10	140	35	4900
9	0105	徐静影	销售部	武汉	81/10/11	160	36	5760
10	0106	徐毅	培训部	长沙	92/11/12	140	37	5180
11	0107	孙文斌	培训部	武汉	99/10/8	150	29	4350
12	0108	严婷婷	培训部	西安	83/5/16	140	28	3920
13	0109	肖运发	软件部	武汉	90/12/3	160	30	4800
14	0110	陈婕	软件部	长沙	89/4/6	160	29	4640
15	0111	朱娜	销售部	西安	83/5/8	160	30	4800
16	0112	王海燕	软件部	南京	87/6/17	140	35	4900
17	0113	曾虎龙	销售部	武汉	82/9/16	150	35	5250

图 2-51　数据清单示例

表结构为数据清单中的第一行列标题（如图 2-51 中 Excel 工作表的第 4 行所示），Excel 将利用这些标题名对数据进行查找、排序以及筛选等。纯数据部分则是 Excel 实施管理功能的对象，该部分不允许有非法数据内容出现。所以，要正确创建和使用数据清单，应注意以下几个问题：

（1）避免在一张工作表中建立多个数据清单。如果在工作表中还有其他数据，要与数据清单之间至少留出一个空行和空列。

（2）避免在数据表格的各条记录或各个字段之间放置空行和空列。

（3）在数据清单的第一行里创建列标题（列名），列标题使用的字体、对齐方式等格式最好与数据表中其他数据相区别。

（4）列标题名唯一，且同列数据的数据类型和格式完全相同。

（5）单元格中数据的对齐方式最好用对齐方式按钮来设置，不要用输入空格的方法调整。

数据清单的具体创建操作和普通表格的创建完全相同。首先，根据数据清单内容创建表结构（列标题行），然后移到表结构下的第一个空行，开始输入数据信息，把内容全部添加到数据清单后，就完成了创建工作。

二、数据筛选

筛选数据的目的是在数据清单中提取出满足条件的记录。Excel 的筛选功能可以实现在数据清单中提炼出满足筛选条件的数据；不满足条件的数据只是暂时被隐藏起来（并未真正被删除），一旦筛选条件被取消，这些数据将重新出现。Excel 提供了两种筛选数据的方法：一是自动筛选，按选中内容筛选，适用于简单条件；二是高级筛选，适用于复杂条件。

（一）自动筛选

自动筛选功能使用户能够快速地在数据清单的大量数据中提取有用的数据，将不满足条件的数据暂时隐藏起来，将满足条件的数据显示在工作表上。自动筛选的步骤如下。

（1）在工作表中选择数据清单范围，如在图 2-51 所示工作表中选择 A4 到 H46，然后在“数据”选项卡上的“排序和筛选”功能区中单击“筛选”按钮，这时可以看到在第 4 行每一列的列标题右侧都出现了一个下三角按钮（自动筛选按钮），如图 2-52 所示。如果需要按照某列的指定值进行筛选，单击列标题右侧的自动筛选按钮，弹出一个下拉列表，其中列出了该列中出现的所有信息。

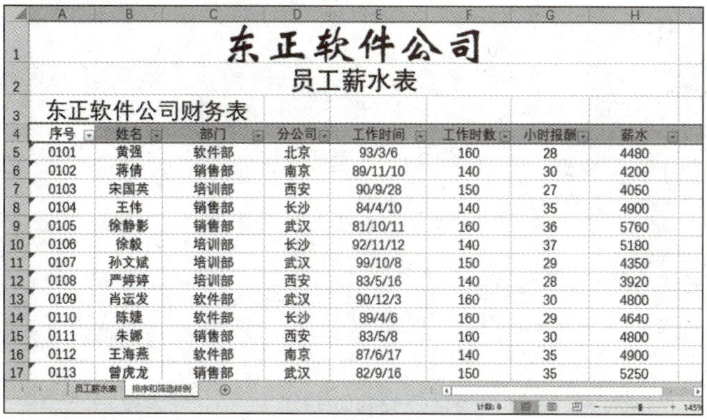

东正软件公司
员工薪水表
东正软件公司财务表

序号	姓名	部门	分公司	工作时间	工作时数	小时报酬	薪水
0101	黄强	软件部	北京	93/3/6	160	28	4480
0102	蒋倩	销售部	南京	89/11/10	140	30	4200
0103	宋国英	培训部	西安	90/9/28	150	27	4050
0104	王伟	销售部	长沙	84/4/10	140	35	4900
0105	徐静影	销售部	武汉	81/10/11	160	36	5760
0106	徐毅	培训部	长沙	92/11/12	140	37	5180
0107	孙文斌	培训部	武汉	99/10/8	150	29	4350
0108	严婷婷	培训部	西安	83/5/16	140	28	3920
0109	肖运发	软件部	武汉	90/12/3	160	30	4800
0110	陈婕	软件部	长沙	89/4/6	160	29	4640
0111	朱娜	销售部	西安	83/5/8	160	30	4800
0112	王海燕	软件部	南京	87/6/17	140	35	4900
0113	曾虎龙	销售部	武汉	82/9/16	150	35	5250

图 2-52　自动筛选结果

（2）在下拉列表中按需要选择一个值，就只显示含有该值的数据行，而将其他数据行隐藏起来。用户可以同时对多列信息设定筛选标准，这些筛选标准之间是“逻辑与”的关系。例如，在图 2-52 所示工作表中，在“分公司”列的下拉列表中选择“南京”，然后在“部门”列的下拉列表中选择“销售部”，那么筛选后显示出来的记录就只是显示有关南京分公司销售部门的员工信息，如图 2-53 所示。注意，筛选后数据表呈现不连续的行号。另外，单击列标题右侧的自动筛选按钮，弹出的下拉列表中也可以设置将筛选出的结果按此列的数据升序或降序排列。

东正软件公司
员工薪水表
东正软件公司财务表

序号	姓名	部门	分公司	工作时间	工作时数	小时报酬	薪水
0102	蒋倩	销售部	南京	89/11/10	140	30	4200
0112	王海燕	软件部	南京	87/6/17	140	35	4900
0116	钟红兰	软件部	南京	80/5/18	160	36	5760
0124	徐宇	软件部	南京	82/11/12	150	27	4050
0125	潘丹	销售部	南京	99/10/8	160	28	4480

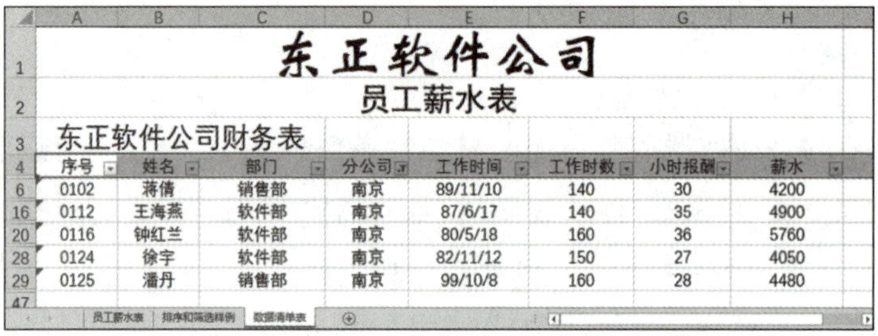

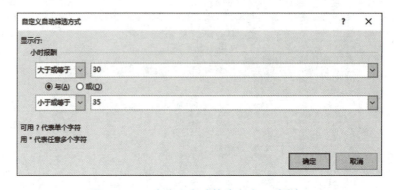

图 2-53　自动筛选出南京分公司销售部门的员工信息

如果要取消某个筛选条件，只需在相应的下拉列表中选中“（全选）”复选框。

在使用自动筛选功能对数据进行筛选时，对于某些特殊的条件，可以用自定义自动筛选来完成。例如，要在图 2-52 所示的数据清单中找出小时报酬在 30~35 元的软件开发人员，操作的方法是：首先单击“部门”列标题右侧的自动筛选按钮，打开下拉列表，选择“软件部”，然后单击“小时报酬”列标题右侧的自动筛选按钮，打开下拉列表，从中选择“数字筛选”→“自定义筛选”，打开“自定义自动筛选方式”对话框，在该对话框中可以设定两个筛选条件，并确定它们的与、或关系。例如，图 2-54 中设定了小时报酬大于或等于 30 且小于或等于 35，即小时报酬在 30~35 元的筛选条件。

图 2-54　“自定义自动筛选方式”对话框

注意筛选条件中通配符“?”和“*”的使用。如果要筛选出所有姓王和姓张的员工记录,可为"姓名"列设置自定义筛选,在"自定义自动筛选"对话框中,第一个条件设为"等于""王*",第二个条件设为"等于""张*",两个条件之间选择"或"的关系。

(二)高级筛选

高级筛选是指根据复合条件或计算条件来筛选数据,并允许把满足条件的记录复制到工作表中的另一区域中,而原数据区域保持不变。

为了进行高级筛选,首先要在工作表的任意空白处建立一个筛选条件区域,该区域用来指定筛选出的数据必须满足的条件。筛选条件区域类似于一个只包含条件的数据清单,由两部分构成:条件列标题和具体筛选条件,其中,首行包含的条件列标题部分必须拼写正确,与数据清单中的对应列标题一模一样,具体筛选条件部分至少要有一行筛选条件。筛选条件区域中"列"与"列"的关系是"与"的关系(即"并且"的关系),"行"与"行"的关系是"或"的关系(即"或者"的关系)。例如,在图2-55中,工作表右方的一个区域J4:K6就是筛选条件区域,第一行为条件列标题,第二、三行是具体筛选条件。该筛选条件区域设置的条件为"找出北京分公司销售部或西安分公司培训部员工的记录"。

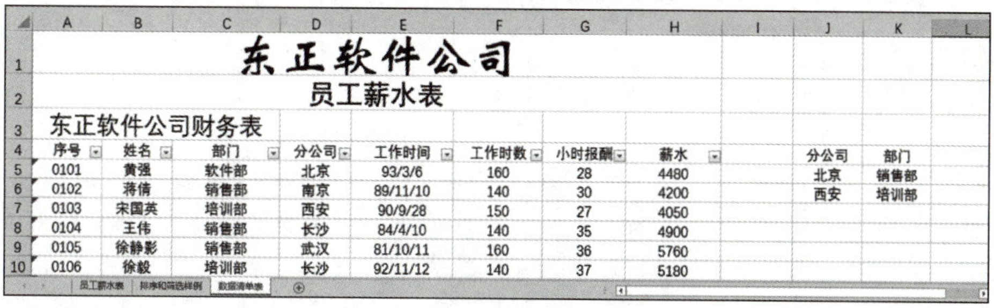

图 2-55 建立了条件区的工作表

小贴士

由于筛选条件区域和数据清单共处同一个工作表中,所以它们之间至少要由一个空行或空列隔开。

下一步操作是选中数据区中的任意一个单元格,然后在"数据"选项卡上的"排序和筛选"组中单击"高级"按钮,弹出"高级筛选"对话框,如图2-56所示。在该对话框的"方式"栏中,若选择"在原有区域显示筛选结果",则筛选后的部分数据显示在原工作表位置处,而原工作表就不再显示;若选择"将筛选结果复制到其他位置",则筛选后的部分数据显示在另外指定的区域,与原工作表并存。在"列表区域"文本框中输入参加筛选的数据区域；在"条件区域"文本框中输入条件区域；如果在"方式"栏中选择了"将筛选结果复制到其他位置"，则还要在"复制到"文本框中输入用于放置筛选结果的单元格区域的第一个单元格的地址。

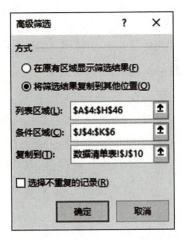

图 2-56 "高级筛选"对话框

单击"确定"按钮执行筛选。图 2-57 是经过高级筛选后的工作表。

	G	H	I	J	K	L	M	N	O	P	Q
4	小时报酬	薪水		分公司	部门						
5	28	4480		北京	销售部						
6	30	4200		西安	培训部						
7	27	4050									
8	35	4900									
9	36	5760									
10	37	5180		序号	姓名	部门	分公司	工作时间	工作时数	小时报酬	薪水
11	29	4350		0103	宋国英	培训部	西安	90/9/28	150	27	4050
12	28	3920		0108	严婷婷	培训部	西安	83/5/16	140	28	3920
13	30	4800		0119	邹萍萍	销售部	北京	93/3/6	160	29	4640
14	29	4640		0120	王三国	培训部	西安	89/11/10	140	27	3780
15	30	4800		0126	袁琦	培训部	西安	93/5/16	140	29	4060
16	35	4900		0130	李良准	销售部	北京	87/6/17	140	30	4200
17	35	5250		0141	邹伟	销售部	北京	81/4/6	150	35	5250

图 2-57 经过高级筛选后的工作表

三、数据排序

排序也是数据组织的一种手段。通过排序操作可将表格中的数据按字母顺序、数值大小以及时间顺序进行排序。Excel 在默认排序时，是根据单元格中的数据进行排序的。在按升序排序时，Excel 使用如下顺序：

（1）数值从最小的负数到最大的正数排序。

（2）文本和数字的文本按从 0~9、a~z、A~Z 的顺序排列。

（3）逻辑值 False 排在 True 之前。

(4)所有错误值的优先级相同。

(5)空格排在最后。

排序可以对数据清单中所有的记录进行（选中数据列表中任一单元格即可），也可以对其中的部分记录进行（选中要排序的记录部分即可）。

（一）简单排序

当仅仅需要按数据清单中的某一列数据进行排序时，只需要单击此列中的任一单元格，再在"数据"选项卡"排序和筛选"组中单击"升序"按钮或"降序"按钮，即可按指定列的指定方式进行排序。

（二）复杂排序

按照一列数据进行排序，有时会遇到列中某些数据完全相同的情况，当遇到这种情况时，可根据多列数据进行排序。操作方法：在需要排序的数据清单中单击任一单元格，在"数据"选项卡"排序和筛选"组中单击"排序"按钮，弹出图2-58所示的"排序"对话框。在此对话框中可以设定多个层次的排序标准：主要关键字、次要关键字。单击"添加条件"按钮就会出现"次要关键字"，多次单击"添加条件"按钮，可以添加多个"次要关键字"。单击"主要关键字"和"次要关键字"右边的下拉按钮打开下拉列表，从中选择排序列，并设置排序"次序"（"升序"或"降序"），然后单击"确定"按钮。从排序的结果中发现，在主要关键字相同的情况下，会自动按次要关键字排序，如果第一个次要关键字也相同，则按第二个次要关键字排序，依此类推。

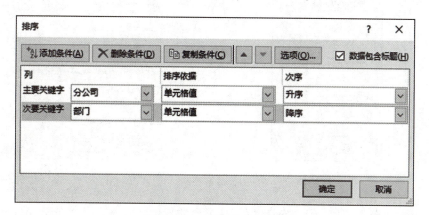

图 2-58 "排序"对话框

如果想按列排序数据，或排列字母数据时想区分大小写，可在"排序"对话框中单击"选项"按钮，打开图2-59所示的"排序选项"对话框，在"方向"栏中可以选择"按列排序"，在"方法"栏中可以选择按"字母排序"。单击"确定"按钮返回图2-58所示的"排序"对话框。

在图 2-58 中设置了两个排序条件,即首先按主要关键字"分公司"进行升序排序;如果同属于一个分公司,则其先后顺序就由次要关键字"部门"按具体内容降序排序;对于部门也相同的员工,则按原始顺序来确定先后次序。

四、分类汇总

分类汇总是先将数据分类(排序),再按类进行汇总分析处理。它是在利用基本的数据管理功能将数据清单中大量数据明确化和条理化的基础上,利用 Excel 提供的函数进行数据汇总。

(一)创建简单的分类汇总

以图 2-51 所示的数据清单为例,若要创建每个分公司人工费用的总支出的分类汇总,操作步骤如下。

(1)首先进行数据分类,即按"分公司"列对员工信息进行排序。

(2)在"数据"选项卡"分级显示"组中单击"分类汇总"按钮,弹出图 2-60 所示的"分类汇总"对话框。

图 2-59 "排序选项"对话框

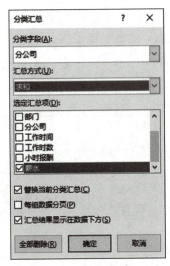

图 2-60 "分类汇总"对话框

(3)单击"分类字段"下拉列表框,从弹出的下拉列表中选中"分公司",该下拉列表框用于设定数据是按哪一列标题进行排序分类的。

(4)单击"汇总方式"下拉列表框,从弹出的下拉列表中选中要执行的汇总计算函数,这里选中"求和"函数,用于计算整个分公司的人工费用支出。

(5)选择"选定汇总项"列表框中对应数据项的复选框,指定分类汇总的计算对象。例如,如果需要计算出每个分公司的人工费用的总支出,则选中"薪水"。

（6）如果需要替换任何现存的分类汇总，则选中“替换当前分类汇总”复选框；如果需要在每组分类之前插入分页符，则选中“每组数据分页”复选框；若选中“汇总结果显示在数据下方”复选框，则在数据组末端显示分类汇总结果，否则，汇总结果将显示在数据组之前。

设定完毕后，单击“确定”按钮，分类汇总结果如图 2-61 所示。Excel 为每个分类插入了汇总行，在汇总行前加入了适当标志（如图 2-61 中第 16 行所示），并在选中列上执行设定的计算（如图 2-61 中 16 行 H 列汇总结果所示），同时，还在该数据清单尾部加入了“总计”行。

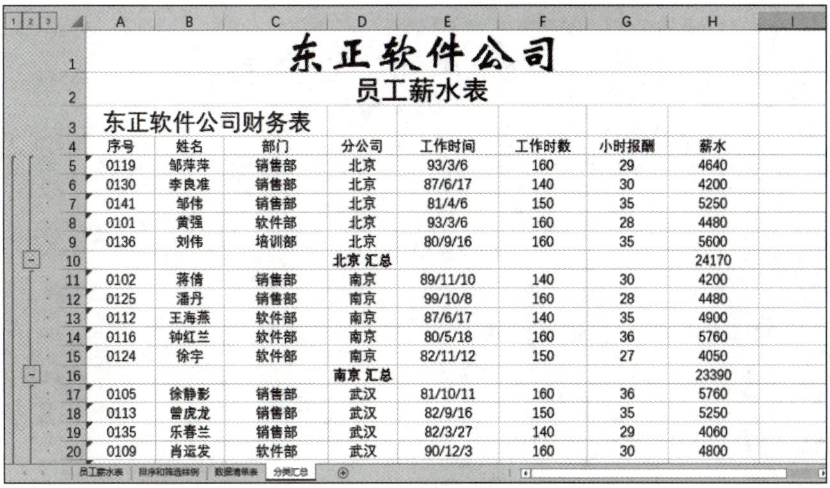

	A	B	C	D	E	F	G	H
1	东正软件公司							
2	员工薪水表							
3	东正软件公司财务表							
4	序号	姓名	部门	分公司	工作时间	工作时数	小时报酬	薪水
5	0119	邹萍萍	销售部	北京	93/3/6	160	29	4640
6	0130	李良准	销售部	北京	87/6/17	140	30	4200
7	0141	邹伟	销售部	北京	81/4/6	150	35	5250
8	0101	黄强	软件部	北京	93/3/6	160	28	4480
9	0136	刘伟	培训部	北京	80/9/16	160	35	5600
10				北京 汇总				24170
11	0102	蒋倩	销售部	南京	89/11/10	140	30	4200
12	0125	潘丹	销售部	南京	99/10/8	160	28	4480
13	0112	王海燕	软件部	南京	87/6/17	140	35	4900
14	0116	钟红兰	软件部	南京	80/5/18	160	36	5760
15	0124	徐宇	软件部	南京	82/11/12	150	27	4050
16				南京 汇总				23390
17	0105	徐静影	销售部	武汉	81/10/11	160	36	5760
18	0113	曾虎龙	销售部	武汉	82/9/16	150	35	5250
19	0135	乐春兰	销售部	武汉	82/3/27	140	29	4060
20	0109	肖运发	软件部	武汉	90/12/3	160	30	4800

员工薪水表　排序和筛选样例　数据清单表　分类汇总

图 2-61　分类汇总结果

小贴士

要使用分类汇总，数据清单中必须包含带有标题的列，且数据清单必须在要进行分类汇总的列上排序。

（二）创建嵌套分类汇总

如果要在每组分类中附加新的分类汇总，即可创建两层分类汇总（嵌套分类汇总）。例如，用户不但要查看每一分公司的人工费用支出情况，而且想细分到每一个部门的具体支出情况。如查看每一部门中最高薪水额，可以进一步使用“分类汇总”命令。嵌套分类汇总命令的使用是在数据已按两个以上关键字排序的前提下进行的，操作步骤如下。

（1）针对两列或多列数据对数据清单排序。例如，主要关键字为“分公司”列，按升序排列；次要关键字为“部门”列，同样按升序排列。

（2）在要分类汇总的数据清单中，单击任一单元格，选中该数据清单，然后在“数据"选项卡"分级显示"组中单击"分类汇总"按钮,系统弹出"分类汇总"对话框。

(3) 在"分类字段"下拉列表中选择需要用来分类汇总的数据列,插入自动分类汇总。这一列应该是对数据清单排序时在"主要关键字"下拉列表中选择的列。例如"分公司"数据列。

(4) 显示出对第一列的自动分类汇总后,对另一列(如"部门")重复步骤(2)和(3)的操作。

(5) 取消选中"替换当前分类汇总"复选框,接着单击"确定"按钮完成操作。嵌套分类汇总结果如图 2-62 所示。

图 2-62 嵌套分类汇总结果

(三) 分级显示数据

从图 2-62 所示的例子可以看到,在数据清单的左侧,显示有明细数据按钮 + 和隐藏明细数据按钮 - 。+ 按钮表示该层明细数据没有展开,单击该按钮可显示出明细数据,同时,+ 按钮变为 - 按钮;单击 - 按钮可隐藏由该行层级所指定的明细数据,同时,- 按钮变为 + 按钮。这样,可以将十分复杂的清单转变成为可展开不同层次的汇总表格。

分级显示可以具有多级细节数据,其中的每个内部级别为前面的外部级别提供细节数据。用户可以单击分级显示符号来显示或隐藏细节行。由图 2-62 可以看出,在分类汇总表的左上角有 4 个小按钮,称为概要标记按钮,每个按钮的下方有对应的显示数据明细按钮 + /隐藏明细数据按钮 - 。如果单击概要标记按钮 1,则只显示数据表格中的列标题和全部数据的汇总结果,其他数据被屏蔽;如果单击概要标记按钮 2,则只显示分类汇总结果(即二级数据)与全部数据的汇总结果,其他数据被屏蔽;如果单击概要标记按钮 3,则只显示子分类汇总结果(即三级数据)与全部数据的汇总结果,其他数据被屏蔽;如果单击概要标记按钮 4，则显示所有的详细数据。分级显示分类汇总结果如图 2-63 所示。

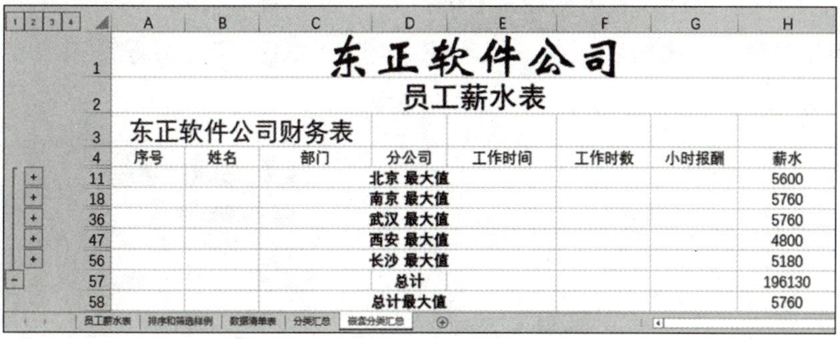

	A	B	C	D	E	F	G	H
1	东正软件公司							
2	员工薪水表							
3	东正软件公司财务表							
4	序号	姓名	部门	分公司	工作时间	工作时数	小时报酬	薪水
11				北京 最大值				5600
18				南京 最大值				5760
36				武汉 最大值				5760
47				西安 最大值				4800
56				长沙 最大值				5180
57				总计				196130
58				总计最大值				5760

图 2-63　分级显示分类汇总结果

(四) 清除分类汇总

如果要恢复工作表的原貌，只要在“数据”选项卡“分级显示”组中再次单击“分类汇总”按钮，然后在弹出的“分类汇总”对话框中单击“全部删除”按钮即可。

五、数据透视表和数据透视图

对于高级别的数据分析工作，需要从不同的分析角度对同一张数据表的不同指标进行分类汇总。这一过程被人们形象地称为“透视分析”。数据透视表和数据透视图就是为了快速、方便地实现这种分析功能而设置的。

(一) 创建数据透视表

数据透视表是一种交互式表格，它有机地结合了分类汇总和合并计算的优点，可以对大量数据进行快速汇总、建立交叉列表分析、浏览和提供摘要数据等，通过选择其中页、行和列中的不同数据元素，快速查看源数据的不同统计结果。这个特点使用户可以深入分析数值数据，并且以多种不同的方式来展示数据的特征。

数据透视表的功能很强大，也很灵活。下面的实例通过分析某公司上半年销售计划完成情况统计表，介绍数据透视表的使用，具体操作如下。

(1) 选取需要分析的数据，如图 2-64 所示。

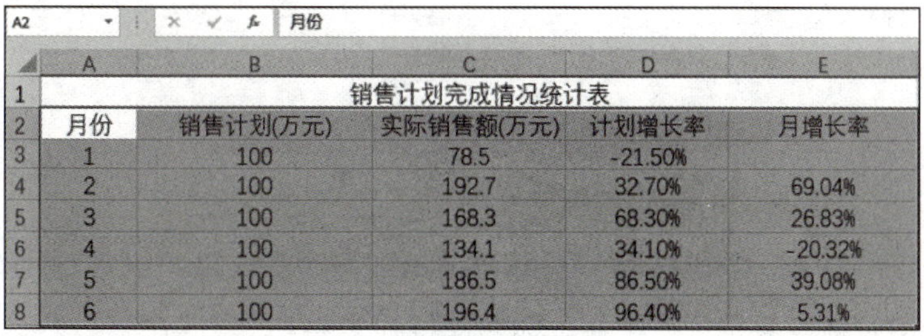

	A	B	C	D	E
1	销售计划完成情况统计表				
2	月份	销售计划(万元)	实际销售额(万元)	计划增长率	月增长率
3	1	100	78.5	-21.50%	
4	2	100	192.7	32.70%	69.04%
5	3	100	168.3	68.30%	26.83%
6	4	100	134.1	34.10%	-20.32%
7	5	100	186.5	86.50%	39.08%
8	6	100	196.4	96.40%	5.31%

图 2-64　选取需要分析的数据

（2）单击"插入"选项卡"表格"组的"数据透视表"按钮，弹出"创建数据透视表"对话框，设置"选择放置数据透视表的位置"为"新工作表"，如图 2-65 所示。

（3）单击"确定"按钮后，在工作表的右侧会自动打开"数据透视表字段"窗格，如图 2-66 所示。

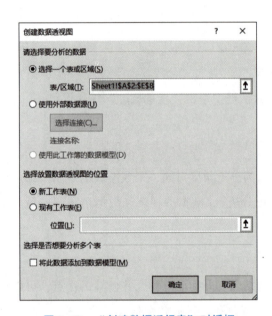

图 2-65 "创建数据透视表"对话框

图 2-66 "数据透视表字段"窗格

（4）设置数据透视表的行、列字段。在工作表中得到数据透视表，如图 2-67 所示。

	A	B	C
1	行标签	平均值项:计划增长率	平均值项:月增长率
2	1	-21.50%	
3	2	32.70%	69.04%
4	3	68.30%	26.83%
5	4	34.10%	-20.32%
6	5	86.50%	39.08%
7	6	96.40%	5.31%
8	总计	49.42%	23.99%

图 2-67 数据透视表

在"数据透视表字段"窗格的"选择要添加到报表的字段"列表框中勾选"计划增长率"和"月增长率"复选框，按住鼠标左键将列表中的"月份"字段拖曳到"行"列表框中。在"值"列表框中,单击"求和项:计划增长率",弹出的下拉列表中选择"值字段设置"命令,弹出"值字段设置"对话框。在该对话框中的"计算类型"列表框中选择"平均值",然后单击"数字格式"按钮,在弹出的"设置单元格格式"对话框中设置数字格式为"百分比"。同样,设置"求和项:月增长率"的计算类型为"平均值",数字格式为"百分比"。

建立数据透视表后,Excel会添加一个专门针对数据透视表操作的"数据透视表工具"上下文选项卡,包含"数据透视表工具"→"分析"和"数据透视表工具"→"设计"两个选项卡。选中数据透视表时,该上下文选项卡就会出现,不选中时,该上下文选项卡自动隐藏,通过该上下文选项卡可以对数据透视表的布局、样式、汇总、筛选、显示、打印和数据等进行设置。

(二)创建数据透视图

在创建数据透视表后,可以创建基于数据透视表的数据透视图。相比数据透视表,数据透视图可以从全局角度出发,更加直观地把控大批量数据的变化规律和趋势。创建数据透视图的操作步骤如下。

(1)选中数据透视表中的任意一个单元格,单击"数据透视表工具"→"分析"选项卡"工具"组中的"数据透视图"按钮,打开"插入图表"对话框,在该对话框中选择需要使用的图表类型(本例为"折线图")。

(2)此时将在工作表中插入数据透视图,如图2-68所示。使用鼠标拖曳数据透视图到工作表的适当位置。选中数据透视图后,Excel会添加"数据透视图工具"上下文选项卡,包括"数据透视图工具"→"分析""数据透视图工具"→"设计"和"数据透视图工具"→"格式"3个选项卡,使用其中的工具可以对图表的布局、格式和样式等进行设置。

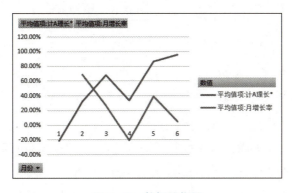

图2-68 数据透视图

如果未创建数据透视表,选中数据源中的单元格,单击"插入"选项卡"图表"组中的"数据透视图"按钮,弹出"创建数据透视图"对话框,设置"选择要分析的数据"和"选择放置数据透视图的位置"后,会同时创建数据透视表和数据透视图,工作表的右侧会自动打开"数据透视图字段"窗格。在"数据透视表字段"窗格中进行设置,可以同时对数据透视表和数据透视图进行修改。

任务实施:统计分析产品销量表

一、排序产品销售量数据

使用 Excel 2016 中的数据排序功能可以对数据进行排序,这样有助于快速且直观地显示、组织和查找所需数据,其具体操作如下。

(1) 打开"产品销售量.xlsx"工作簿(配套资源:\素材\项目二\产品销售量.xlsx),选择 G 列中的任意一个单元格,在"数据"选项卡"排序和筛选"组中单击"降序"按钮,G 列中的数据将由高到低进行排序。

(2) 选择 A2:G20 单元格区域,在"数据"选项卡"排序和筛选"组中单击"排序"按钮。

(3) 打开"排序"对话框,在"主要关键字"下拉列表中选择"季度总销量"选项,在"排序依据"下拉列表中选择"单元格值"选项,在"次序"下拉列表中选择"降序"选项,如图 2-69 所示。

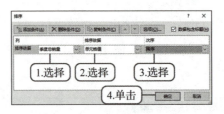

图 2-69 设置主要排序条件

(4) 单击"添加条件"按钮,在"次要关键字"下拉列表中选择"4月份"选项,在"排序依据"下拉列表中选择"单元格值"选项,在"次序"下拉列表中选择"降序"选项,最后单击"确定"按钮。

(5) 此时,工作表中的数据将先按照"季度总销量"序列进行降序排列,"季度总销量"序列中相同的数据按照"4月份"序列进行降序排列,结果如图 2-70 所示。

(6) 选择"文件"→"选项"命令,打开"Excel 选项"对话框,在对话框左侧的列表框中单击"高级"选项卡,在对话框右侧列表框的"常规"栏中单击"编辑自定义列表"按钮。

	A	B	C	D	E	F	G
1	二季度产品销售量						
2	员工编号	姓名	产品名称	4月份	5月份	6月份	季度总销量
3	CSL-007	李新明	鞋子	605	650	508	1763
4	CSL-017	孙磊	外套	552	501	650	1703
5	CSL-002	李生生	牛仔裤	650	526	524	1700
6	CSL-004	王潇妃	牛仔裤	515	514	620	1649
7	CSL-003	林琳	T恤	520	528	519	1567
8	CSL-006	王冬	牛仔裤	570	497	486	1553
9	CSL-012	刘松	牛仔裤	533	521	499	1553
10	CSL-011	赵菲菲	鞋子	528	505	520	1553
11	CSL-013	陈明	T恤	540	504	506	1550
12	CSL-009	张金	T恤	521	508	515	1544
13	CSL-001	程建茹	T恤	500	502	530	1532
14	CSL-008	吴明	外套	530	485	505	1520
15	CSL-005	宋达明	外套	500	520	498	1518
16	CSL-018	王季军	牛仔裤	555	500	450	1505
17	CSL-014	王一明	牛仔裤	543	450	505	1498
18	CSL-016	张若琳	牛仔裤	549	502	360	1411
19	CSL-010	李丽华	外套	516	510	356	1382
20	CSL-015	肖晖	T恤	546	503	150	1199

图 2-70 查看排序结果

(7) 打开"自定义序列"对话框,在"输入序列"文本框中输入序列字段"T恤,牛仔裤,外套,鞋子",单击"添加"按钮,将自定义序列字段添加到左侧的"自定义序列"列表框中。

(8) 依次单击"确定"按钮,关闭"自定义序列"对话框和"Excel 选项"对话框。返回工作表中。选择任意一个有数据的单元格,在"数据"选项卡"排序和筛选"组中单击"排序"按钮,打开"排序"对话框。

(9) 在"主要关键字"下拉列表中选择"产品名称"选项,在"次序"下拉列表中选择"自定义序列"选项,打开"自定义序列"对话框,在"自定义序列"列表框中选择步骤(7)中创建的序列,单击"确定"按钮返回"排序"对话框,"次序"下拉列表中将显示设置的自定义序列,如图 2-71 所示。单击选中"次要关键词"选项,单击"删除条件"按钮,删除该条件,然后单击"确定"按钮。

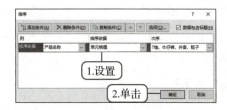

图 2-71 设置自定义序列

(10) 此时,工作表中的数据将按照"产品名称"中的自定义序列进行排序,效果如图 2-72 所示。

[图片:二季度产品销售量表格]

图 2-72 查看按自定义序列排序的效果

> **小贴士**
>
> 对数据进行排序时,如果出现"此操作要求合并单元格都具有相同大小"提示对话框,则表示选择的单元格区域包含了合并的单元格。由于 Excel 2016 无法识别合并单元格中的数据并对其进行正确排序,因此,用户需要先手动选择规则的排序区域,再进行排序。

二、筛选产品销量表数据

Excel 2016 的数据筛选功能可根据需要显示满足某一个或某几个条件的数据,而隐藏其他的数据。Excel 2016 提供了自动筛选、自定义自动筛选、高级筛选 3 种筛选功能,可以满足用户不同的筛选需求。

(一)自动筛选

自动筛选功能可以在工作表中快速显示出指定字段的记录并隐藏其他记录。下面将在"产品销售量.xlsx"工作簿中筛选出产品名称为"T恤"的相关数据,其具体操作如下。

(1) 打开"产品销售量.xlsx"工作簿,选择工作表数据区域中的任意一个单元格,在"数据"选项卡"排序和筛选"组中单击"筛选"按钮,进入筛选状态,列标题单元格的右下角将显示"筛选"按钮。

(2) 单击 C2 单元格右下角的自动筛选按钮,在打开的下拉列表中取消选中"牛仔裤""外套"和"鞋子"复选框,仅选中"T恤"复选框,单击"确定"按钮。

(3) 此时,工作表中将只显示产品名称为"T恤"的相关数据,而其他数据全部被隐藏。

? 小贴士

使用筛选功能时，还可以同时筛选多个字段的数据。单击单元格右下角的自动筛选按钮，在打开的下拉列表中选中对应的复选框即可。在 Excel 2016 中，用户还能通过颜色、数字和文本进行筛选，但是这些筛选方式都需要提前进行设置。

（二）自定义自动筛选

自定义自动筛选多用于筛选数值数据，设定筛选条件后即可将满足指定条件的数据筛选出来，而隐藏其他数据。下面将在"产品销售量.xlsx"工作簿中筛选出季度总销量大于"1500"的数据，其具体操作如下。

（1）打开"产品销售量.xlsx"工作簿，单击"数据"选项卡"排序和筛选"组中的"筛选"按钮进入筛选状态，单击"季度总销量"G2 单元格右下角的自动筛选按钮，在打开的下拉列表中选择"数字筛选"→"大于"命令。

（2）打开"自定义自动筛选"对话框，在"季度总销量"栏下的"大于"下拉列表框右侧的下拉列表框中输入"1500"，单击"确定"按钮，如图 2-73 所示。

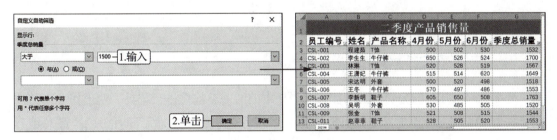

图 2-73 自定义筛选

? 小贴士

筛选并查看数据后，在"排序和筛选"组中单击"清除"按钮，可清除筛选条件，但仍保持数据处于筛选状态；单击"筛选"按钮可直接退出筛选状态，返回筛选前的工作表。

（三）高级筛选

通过高级筛选功能，用户可以自定义筛选条件，在不影响当前工作表的情况下显示筛选结果，对于较复杂的筛选，则可以使用高级筛选功能。下面将在"产品销售量.xlsx"工作簿中筛选出 5 月份销量大于 510，季度总销量大于 1520 的数据，其具体操作如下。

（1）打开"产品销售量.xlsx"工作簿，在 A23 单元格中输入筛选序列"5 月份"，在

A24 单元格中输入筛选条件">510";在 B23 单元格中输入筛选序列"季度总销量",在 B24 单元格中输入筛选条件">1520"。选择数据区域中的任意一个单元格,在"数据"选项卡"排序和筛选"组中单击"高级"。

(2)打开"高级筛选"对话框,单击选中"将筛选结果复制到其他位置"单选按钮,在"列表区域"参数框中输入"＄A＄2:＄G＄20",在"条件区域"参数框中输入"＄A＄23:＄B＄24",在"复制到"参数框中输入"＄A＄26:＄G＄26",单击"确定"按钮。

(3)此时 A26:G26 单元格区域中将显示出筛选结果,如图 2-74 所示。

图 2-74 高级筛选结果

三、对数据进行分类汇总

运用 Excel 2016 的分类汇总功能可对表格中的同一类数据进行统计,使工作表中的数据变得更加清晰直观。在"产品销售量.xlsx"工作簿中,可以对不同月份的产品总销量进行分类汇总,其具体操作如下。

(1)打开"产品销售量.xlsx"工作簿,选择 C 列数据区域中的任意一个单元格,在"数据"选项卡"排序和筛选"组中单击"升序"按钮,对数据进行由低到高的排序。

(2)在"数据"选项卡"分级显示"组中单击"分类汇总"按钮,打开"分类汇总"对话框,在"分类字段"下拉列表中选择"产品名称"选项,在"汇总方式"下拉列表中选择"求和"选项,在"选定汇总项"列表框中单击选中"4月份"和"5月份"复选框,然后单击"确定"按钮,如图 2-75 所示。

(3)此时工作表数据将进行分类汇总,并同时在工作表中显示汇总结果。

(4)在 C 列数据区域中选择任意一个单元格,使

图 2-75 设置分类汇总条件

用相同的方法打开"分类汇总"对话框,在"汇总方式"下拉列表中选择"平均值"选项,在"选定汇总项"列表框中单击选中"季度总产量"复选框,取消选中"替换当前分类汇总"复选框,最后单击"确定"按钮。

> **小贴士**
>
> 分类汇总实际上就是分类加汇总,在实际操作过程中,先要通过排序功能对数据进行排序,再用分类功能对数据进行汇总。如果没有对数据进行排序,那么汇总的结果也就没有意义。所以,在分类汇总之前,必须先对数据进行排序操作,再进行汇总操作;且排序的条件是需要分类汇总的相关字段,这样汇总的结果才会更加清晰、准确。

(5)在汇总工作表的基础上继续进行分类汇总,即可同时查看不同产品在4月和5月的总销量等效果,如图2-76所示。

	A	B	C	D	E	F	G
1	二季度产品销售量						
2	员工编号	姓名	产品名称	4月份	5月份	6月份	季度总销量
3	CSL-001	程建茹	T恤	500	502	530	1532
4	CSL-003	林琳	T恤	520	528	519	1567
5	CSL-009	张金	T恤	521	508	515	1544
6	CSL-013	陈明	T恤	540	504	506	1550
7	CSL-015	肖眶	T恤	546	503	150	1199
8			T恤 汇总	2627	2545		
9	CSL-002	李生生	牛仔裤	650	526	524	1700
10	CSL-004	王潇妃	牛仔裤	515	514	620	1649
11	CSL-006	王冬	牛仔裤	570	497	486	1553
12	CSL-012	刘松	牛仔裤	533	521	499	1553
13	CSL-014	王一明	牛仔裤	543	450	505	1498
14	CSL-016	张若琳	牛仔裤	549	502	360	1411
15	CSL-018	王季军	牛仔裤	555	500	450	1505
16			牛仔裤 汇总	3915	3510		

图2-76 查看分类汇总结果

> **小贴士**
>
> 并不是所有的工作表都能够进行分类汇总操作,只有保证工作表中具有可以分类的序列,才能进行分类汇总操作。另外,当打开已经进行了分类汇总的工作表时,在数据区域中选择任意一个单元格,然后在"数据"选项卡"分级显示"组中单击"分类汇总"按钮,打开"分类汇总"对话框,直接单击"全部删除"按钮即可删除已创建的分类汇总。

四、创建并编辑数据透视表

数据透视表是一种交互式的数据报表,它可以快速汇总大量的数据,同时对汇总结果进行筛选,以查看源数据的不同统计结果。下面将为"产品销售量.xlsx"工作簿中的数据创建数据透视表,其具体操作如下。

(1)打开"产品销售量.xlsx"工作簿,选择 A2:G20 单元格区域,在"插入"选项卡"表格"组中单击"数据透视表"按钮,打开"来自表格或区域的数据透视表"对话框。

(2)由于已经选择了数据区域,因此只需设置放置数据透视表的位置即可。单击选中"新工作表"单选按钮,再单击"确定"按钮,如图 2-77 所示。

(3)此时系统将新建一张空白工作表,用于放置空白数据透视表,并自动打开"数据透视表字段"窗格。

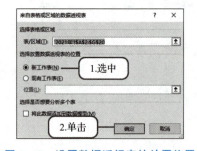

图 2-77 设置数据透视表的放置位置

(4)在"数据透视表字段"窗格中将"选择要添加到报表的字段"列表框中的"产品名称""员工编号"两个字段拖曳到"筛选"列表框中,使用同样的方法将"姓名"字段拖曳到"行"列表框中。

(5)将"4月份""5月份""6月份""季度总销量"字段拖曳到"值"列表框中,如图 2-78 所示。

(6)在创建好的数据透视表中单击"产品名称"字段右侧的下拉按钮,在打开的下拉列表中选择"牛仔裤"选项,单击"确定"按钮,如图 2-79 所示,即可在工作表中显示出该选项下所有员工的数据汇总结果。

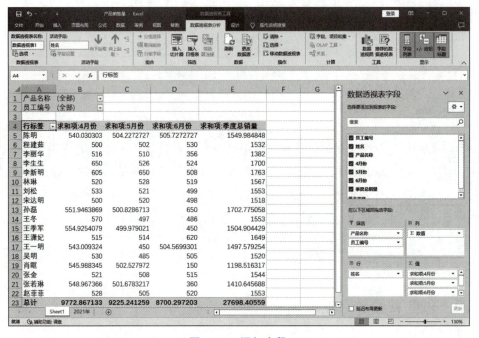

图 2-78 添加字段

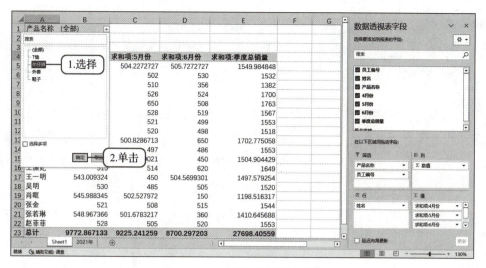

图 2-79 对汇总结果进行筛选

五、创建数据透视图

为了能更直观地查看数据情况，还可以根据数据透视表制作数据透视图。下面将根据"产品销售量.xlsx"工作簿中的数据透视表创建数据透视图，其具体操作如下。

（1）在"产品销售量.xlsx"工作簿中创建数据透视表后，选择数据透视表中的任意一个单元格，在"数据透视表工具"→"分析"选项卡"工具"组中单击"数据透视图"按钮，打开"插入图表"对话框。

（2）在对话框左侧的列表框中单击"柱形图"选项卡，在右侧列表框中选择"三维簇状柱形图"选项，单击"确定"按钮，即可在存放数据透视表的工作表中添加数据透视图，如图 2-80 所示。

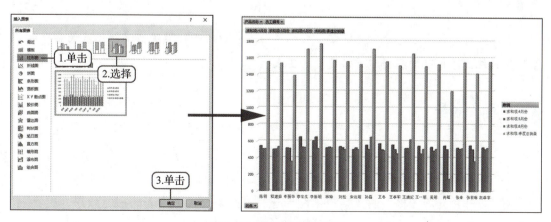

图 2-80 创建数据透视图

— 107 —

> **小贴士**
>
> 数据透视图和数据透视表是相互关联的,改变数据透视表中的内容后,数据透视图中的内容也将发生相应的变化。

(3)在创建好的数据透视图中单击"员工编号"下拉列表框,在打开的下拉列表中单击选中"选择多项"复选框,然后取消选中"全部"复选框,并依次单击选中前 5 个复选框,最后单击"确定"按钮,即可在数据透视图中看到编号为 CSL-001~CSL-005 的 5 位员工 4 月份、5 月份、6 月份销量和二季度总销量,如图 2-81 所示。

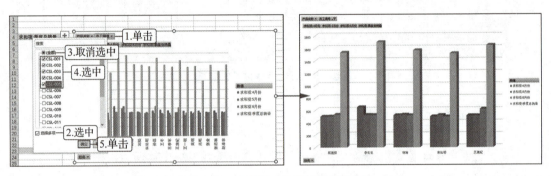

图 2-81　查看前 5 位员工的销售量

任务四　分析地区销量表

任务描述

本任务要求学生通过分析地区销量表,了解图表的创建和编辑,掌握图表的常见制作步骤及熟练运用各种方法创建所需类型的图表。

知识储备

一、图表的基本概念

图表的作用是将表格中的数字数据图形化,以此来改善工作表的视觉效果,更直观、更形象地表现出工作表中数字之间的关系和变化趋势。

图表的创建是基于一个已经存在的数据工作表的,所创建的图表可以与源数据表格共处一张工作表上，也可以单独放置在一张新的工作表上，所以图表可分为两种类型：一种图表位于单独的工作表中，也就是与源数据不在同一个工作表中，这种工作表称为图表工作表。图表工作表是工作簿中只包含图表的工作表。另一种图表与源数据在同一工作表中，作为该工作表的一个对象，称为嵌入式图表。

（一）图表的组成元素

图表的组成元素较多，名称也很多，不过只要将鼠标指针指向图表的不同图表项，Excel 就会显示该图表项的名称。这里以柱形图表为例，先介绍图表的各个组成部分，如图 2-82 所示。

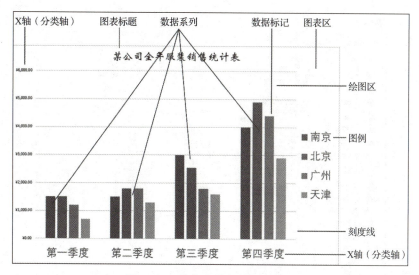

图 2-82　图表及其各种组成元素

（1）数据标记：一个数据标记对应于工作表中一个单元格中的具体数值，它在图表中的表现形式可以有柱形、折线和扇形等。

（2）数据系列：数据系列是指绘制在图表中的一组相关数据标记，来源于工作表中的一行或一列数值数据。图表中的每一数据系列的图形用特定的颜色和图案表示。

（3）坐标轴：坐标轴是位于图形区边缘的直线，为图表提供计量和比较的参照框架。坐标轴通常由类型轴（X 轴）和值轴（X 轴）构成。可以通过增加网格线（刻度），使查看数据更容易。

（4）图例：图例是一个方框，用于区分图表中各数据系列或分类所指定的图案或颜色。每个数据系列的名字都将出现在图例区域中，成为图例中的一个标题内容。只有通过图表中图例和类别名称才能正确识别数据标记对应的数值数据所在的单元格位置。

（5）标题：有图表标题和坐标轴标题（如分类轴标题、数值轴标题等），是分别为图表和坐标轴增加的说明性文字。

（6）绘图区：绘图区是绘制数据图形的区域，包括坐标轴、网格线和数据系列。

（7）图表区：图表区是图表工作的区域，它含有构成图表的全部对象，可理解为一块画布。

（二）图表类型

Excel 提供了柱形图、条形图、折线图、饼图、XY（散点图）、面积图等十几种图表类型，有二维图表和三维立体图表，每种类型又有若干种子类型，通过图 2-83 所示的"插入图表"对话框即可创建。其中较常用到的图表类型有柱形图、折线图和饼图，它们的各自特点如下：

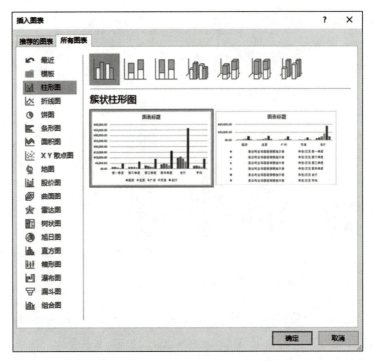

图 2-83 "插入图表"对话框

柱形图用来显示一段时期内数据的变化或者描述各项之间的比较。柱形图能有效地显示随时间变化的数量关系，从左到右的顺序表示时间的变化，高度表示每个时期内的数值的大小。

折线图以等间隔显示数据的变化趋势。通过连接数据点，折线图可用于显示随着时间变化的趋势。

饼图则是将某个数据系列视为一个整体（圆），其中每一项数据标记用扇形图表示该数值占整个系列数值总和的比例，从而简单有效地显示出整体与局部的比例关系。它一般只显示一个数据系列，在需要突出某个重要数据项时十分有用。

二、创建和编辑图表

创建图表的操作方法分为以下几个步骤。

（一）选择制作图表的数据

首先要选择作为图表数据源的数据区域。在工作簿中，可以用鼠标选取连续的区域，也可以配合键盘上的 Ctrl 键选取不连续的区域。但在选取区域时，最好包括那些表明图中数据系列名和类名的标题。

（二）选择图表类型

在"插入"选项卡"图表"组中，单击要使用的图表类型按钮，然后从弹出的下拉列表中选择图表子类型。"图表"组如图 2-84 所示。若要查看所有可用的图表类型，可单击"图表"组右下角的 按钮，以打开图 2-83 所示的"插入图表"对话框"所有图表"选项卡。如果不清楚使用哪种图表类型比较合适，可以单击"推荐的图表"按钮，系统会打开"插入图表"对话框"推荐的图表"选项卡，供用户选择推荐的图表类型，如图 2-85 所示。

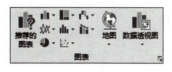

图 2-84 "图表"组

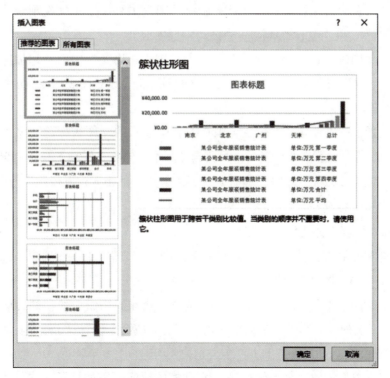

图 2-85 "插入图表"对话框"推荐的图表"选项卡

(三)使用"图表工具"选项卡更改图表的布局或样式

创建图表后,用户可以立即更改它的外观。Excel 提供了多种有用的预定义布局和样式供用户选择,单击图表的任何位置,则在选项卡区域显示"图表工具"上下文选项卡,包含"图表工具"→"设计"和"图表工具"→"格式"选项卡。使用"图表工具""设计"选项卡中的"图表样式"命令和"快速布局"命令就可以将图表样式或布局更改为 Excel 预定义的样式。用户也可以利用"图表工具"→"设计"和"图表工具"→"格式"选项卡上的其他命令,自定义图表的布局和样式。

(四)添加或删除图表标题、坐标轴标题、数据标签或图例

为了增加图表的可读性,可以添加图表标题、坐标轴标题、数据标签和图例等,图表标题是说明性的文本,通常放在图表顶部居中位置。有些图表类型(如柱状图、折线图)有坐标轴,可以显示坐标轴标题。没有坐标轴的图表类型(如饼图)不能显示坐标轴标题。数据标签用来给图表中的数据系列增加说明性文字,不同类型的图表,其数据标签形式有所不同。

1. 添加图表标题

添加图表标题的方法如下。

(1)单击图表中的任意位置,此时将显示"图表工具"上下文选项卡,包含"图表工具"→"设计"和"图表工具"→"格式"选项卡。

(2)单击"图表工具"→"设计"选项卡"图表布局"组中的"添加图表元素"按钮,在弹出的下拉列表中选择"图表标题"下的对应命令设置图表标题显示的位置或设置不显示图表标题。

(3)若设置了图表标题显示位置,则在图表中显示的"图表标题"文本框中输入所需的标题文本。若要设置文本的格式,只要选择文本,然后在浮动工具栏上单击所需的格式设置按钮。也可以使用"开始"选项卡"字体"组中的格式设置按钮进行设置。

2. 添加坐标轴标题

添加坐标轴标题的方法如下。

(1)单击图表中的任意位置,此时将显示"图表工具",上下文选项卡包含"图表工具"→"设计"和"图表工具"→"格式"选项卡。

(2)单击"图表工具"→"设计"选项卡"图表布局"组中的"添加图表元素"按钮,在弹出的下拉列表中选择"坐标轴标题"下的对应命令设置显示横坐标轴标题还是显示纵坐标轴标题。

(3)在图表中显示的"坐标轴标题"文本框中输入所需的标题文本。若要设置文本的格式,则先选择文本,然后在浮动工具栏上单击所需的格式设置按钮。

3. 添加数据标签

添加数据标签的方法如下。

（1）单击图表中的任意位置，此时将显示"图表工具"上下文选项卡，包含"图表工具"→"设计"和"图表工具"→"格式"选项卡。

（2）单击"图表工具"→"设计"选项卡"图表布局"组中的"添加图表元素"按钮，在弹出的下拉列表中选择"数据标签"下的对应命令设置数据标签显示的位置或设置不显示数据标签。

4. 显示或隐藏图例

图例是一个方框，用于标识为图表中的数据系列或分类指定的图案或颜色。创建图表时，会显示图例，也可以在图表创建完毕后隐藏图例或更改图例的位置。操作方法如下。

（1）单击图表中的任意位置，此时将显示"图表工具"上下文选项卡，包含"图表工具"→"设计"和"图表工具"→"格式"选项卡。

（2）单击"图表工具"→"设计"选项卡"图表布局"组中的"添加图表元素"按钮，在弹出的下拉列表中选择"图例"，然后执行下列操作之一。

①若要隐藏图例，请选择"无"命令。

②若要显示图例，选择显示的位置，如选择"右侧"命令。

③若要查看其他选项，可选择"其他图例选项"命令。

若要快速删除图表标题、坐标轴标题、数据标签或图例，也可以先选中，然后按Delete键。或者选中后右击，在弹出的快捷菜单中选择"删除"命令。

利用"图表工具"→"设计"选项卡"图表布局"组中的"添加图表元素"按钮，还可以添加网格线、趋势线和数据表等图表元素。

（五）移动图表或调整图表的大小

可以将图表移动到工作表中的任意位置，或移动到新工作表或现有工作表，也可以将图表更改为更适合的大小。若要移动图表，只要将其拖曳到所需位置即可。若要调整图表的大小，可以单击图表，然后拖曳尺寸控点，将其调整为所需大小；或在"图表工具"→"格式"选项卡"大小"组中，在"高度"和"宽度"数值微调框中直接输入图表的尺寸。

（六）确定图表位置

新创建的图表默认为嵌入式图表，结果如图2-86所示。

若要将创建好的嵌入式图表转换成独立图表，只需先选中图表，然后在"图表工具"→"设计"选项卡"位置"组中单击"移动图表"按钮，或右击图表，在弹出的快捷菜单中选择"移动图表"命令，弹出图2-87所示的"移动图表"对话框，在其中选择"新工作表"

单选按钮，单击"确定"按钮，结果如图 2-88 所示。若要将独立图表转换成嵌入式图表，则在"移动图表"对话框中选择"对象位于"单选按钮并设置图表位置。

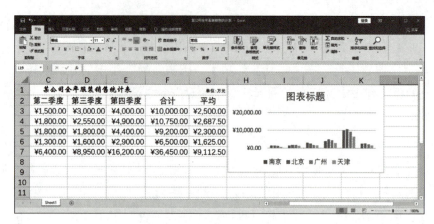

图 2-86　创建的嵌入式图表

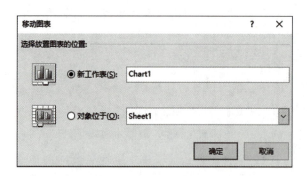

图 2-87　"移动图表"对话框

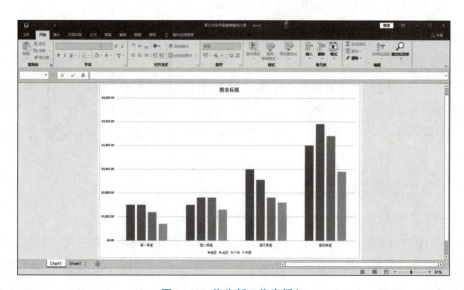

图 2-88　作为新工作表插入

三、更改图表效果

对已创建好的图表可以进行修改和美化，修改的对象可以是整个图表，也可以是各个图表元素。图表修改遵循"先选中，后操作"的原则。

（一）图表类型的改变

Excel 提供了丰富的图表类型，对已创建的图表，可根据需要改变图表的类型。具体操作步骤如下。

（1）单击需要改变类型的图表，在"图表工具"→"设计"选项卡"类型"组中单击"更改图表类型"按钮，或右击图表，从弹出的快捷菜单中选择"更改图表类型"命令，弹出与图 2-83 所示"插入图表"对话框界面一致的"更改图表类型"对话框。

（2）选择所需的图表类型和子类型，完成图表类型的改变。

（二）图表数据源的修改

图表创建之后，图表和工作表的数据区域之间就建立了联系。当工作表中的数据发生变化时，图表中的对应数据也将自动更新。

1. 修改图表的数据源

如果要修改图表中包含的数据区域，可以先单击图表，然后在"图表工具"→"设计"选项卡"数据"组中单击"选择数据"按钮，或右击图表，从快捷菜单中选择"选择数据"命令，弹出图 2-89 所示的"选择源数据"对话框。在此对话框中，修改"图表数据区域"参数框中的内容（可以直接输入数据区域，也可以用鼠标选择数据区域），在图表数据区域修改之后，即可看到图表显示内容相应修改，单击"确定"按钮。

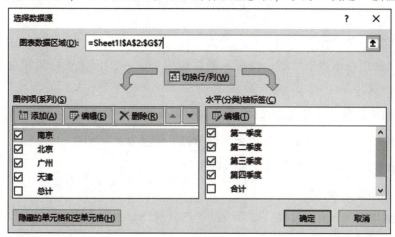

图 2-89 "选择数据源"对话框

在图 2-89 所示"选择数据源"对话框中，还可以设置在图表中显示哪些分类轴标签和图例项，也可以编辑分类轴标签，添加、删除或编辑图例项。

2. 切换行和列

默认情况下插入图表时，表格的列标题作为图表 X 轴标签显示于 X 轴下方，而表格的行标题作为图例显示于图表框的外侧。如果要将图表 X 轴上的数据和 Y 轴上的数据进行交换，即将表格的行标题作为图表 X 轴标签显示于 X 轴下方，而表格的列标题作为图例，就要切换行和列。切换行和列的方法是单击需要修改的图表，在"图表工具"→"设计"选项卡"数据"组中，单击"切换行/列"按钮；或右击图表，从快捷菜单中选择"选择数据"命令，在弹出如图 2-89 所示的对话框中单击"切换行/列"按钮。切换行和列后，原来图表中水平分类轴会改成图例的数据。例如，对图 2-82 中的图表切换行和列后，显示为图 2-90 所示的图表。

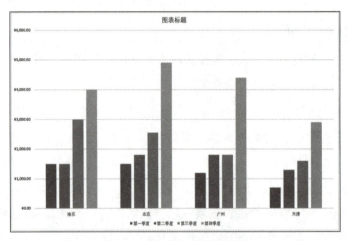

图 2-90 切换行和列后的图表

（三）图表中文字的编辑

文字编辑是指在图表中增加、修改和删除说明性文字，以便更好地说明图表的有关内容。

1. 增加图表标题、坐标轴标题和数据标签

操作方法在"二、创建和编辑图表"部分已介绍，在此不赘述。

如果要修改标题文字，直接选中修改即可。

2. 添加说明性文字

对于图表中某一个主要数据，若要予以重点说明，可利用绘图工具增加一些说明文字和图形。

例如，要添加图 2-91 中所示的说明性文字，可执行如下操作。

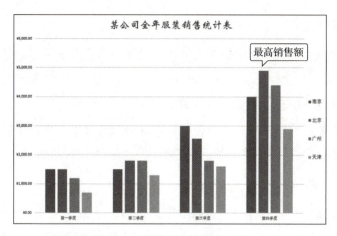

图 2-91　添加说明性文字示例

（1）选中该图表，然后在"图表工具"→"格式"选项卡上的"插入形状"组"形状"列表框中选择"标注"下的"圆角矩形标注"，此时指针变为"十"形状，然后在图表中最高销售额处拖曳鼠标绘制大小合适的形状。

（2）右击圆角矩形标注形状，在弹出的快捷菜单中选择"编辑文字"命令，输入"最高销售额"。

（3）右击圆角矩形框，在弹出的快捷菜单中选择"设置形状格式"，打开"设置形状格式"窗格，在"形状选项"→"填充与线条"→"填充"下选择"纯色填充"，设置填充颜色为标准色"黄色"。

四、图表格式化

建立和编辑图表后，可对图表进行格式化处理，即自行对图中各种对象进行格式化，这将使图表显得美观。

Excel 的图表由数据标签、数据系列、图例、图表标题、文本框、图表区、绘图区、网格线、坐标轴和背景墙等对象组成，它们均为独立对象。用户可以针对这些独立的对象进行各种不同的格式化处理。

要对图表对象进行格式化，可以有 3 种方法。

（1）在图表中直接双击要进行编辑的对象，在右侧打开的相应的格式设置窗格中进行设置。

（2）选中图表对象后，使用"图表工具"→"格式"选项卡各组中的命令按钮进行设置。

（3）将鼠标指向图表对象，右击鼠标，在弹出的快捷菜单中选择相应的格式命令进行设置。

（一）修饰字体

如果希望改变整个图表区域内的文字外观，只要在图表区域的空白处右击鼠标，在弹出的快捷菜单中选择"字体"命令，在弹出的"字体"对话框中重新设定整个图表区域的字体、大小和颜色等信息，最后单击"确定"按钮。

如果希望改变某对象的字体，可以将鼠标指针指向该对象（例如图例）并右击，然后在弹出的快捷菜单中选择"字体"命令，在弹出的"字体"对话框中改变相关设置即可。

（二）填充与图案

如果要为某区域加边框，或者改变该区域的填充颜色，只要先选中该区域，然后利用"图表工具"→"格式"选项卡上的"形状样式"组进行设置。也可以单击该组右下角"对话框启动器"按钮，打开相应的格式设置任务窗格，在其中利用命令设置边框和填充颜色。

图表有时需要设置图表区或绘图区的背景颜色或边框，可以用以上方法设置，或者选中图表区或绘图区后右击鼠标，在弹出的快捷菜单中选择"设置图表区格式"或"设置绘图区格式"命令，随后在打开的任务窗格中设置格式。

（三）设置标题格式、坐标轴格式和图例格式

用户也可以对图表的标题、坐标轴和图例进行格式设置。方法是先选择设置对象，右击鼠标，在弹出的快捷菜单中选择相应的设置对象格式的命令，在右侧打开的任务窗格中进行相应设置。

选择图表后，会在图表右侧显示3个格式设置快捷按钮："图表元素"按钮、"图表样式"按钮和"图表筛选器"按钮，如图2-92所示。"图表元素"按钮可以添加和删除图表元素，"图表样式"按钮可以修改图表样式和配色方案，"图表筛选器"按钮可以设置在图表上显示哪些数据点和名称。

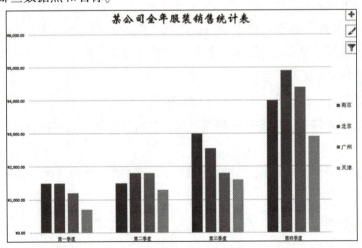

图2-92 图表格式设置快捷按钮

任务实施：分析地区销量表

一、创建图表

图表可以将工作表中的数据以图例的方式展现出来。用户在地区销量表中可以通过创建图表的方式直观地查看每一个地区每月的销售数据，其具体操作如下。

（1）打开"地区销量表.xlsx"工作簿（配套资源:\素材\项目二\地区销量表.xlsx），选择 A2:K6 单元格区域，在"插入"选项卡"图表"组中单击"插入柱形图或条形图"按钮，在打开的下拉列表的"二维柱形图"栏中选择"簇状柱形图"命令。

（2）在当前工作表中将创建一个显示了各地区每月销售情况的柱形图。将鼠标指针移动到图表中的某一个数据系列上，则可查看该数据系列对应地区在该月的销售数据，如图 2-93 所示。

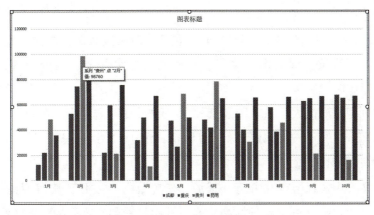

图 2-93　插入图表效果

> **小贴士**
>
> 在 Excel 2016 中，如果不选择数据而直接插入图表，则插入的图表将显示为空白。此时，在"图表工具"→"设计"选项卡"数据"组中单击"选择数据"按钮，打开"选择数据源"对话框，在其中输入与图表数据对应的单元格区域即可在图表中添加数据。

（3）在"图表工具"→"设计"选项卡"位置"组中单击"移动图表"按钮，打开"移动图表"对话框，单击选中"新工作表"单选按钮，在其右侧的文本框中输入新工作表的名称"地区销量对比图"，单击"确定"按钮。

（4）此时，图表将移动到新工作表中，同时，图表将自动调整为适合新工作表区域的大小,如图 2-94 所示。

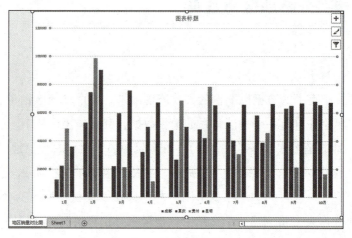

图 2-94 移动图表效果

二、编辑图表

创建好图表后,还可以对图表进行编辑,包括修改图表数据、更改图表类型、更改图表样式、调整图表布局、设置图表格式、调整图表对象的显示与分布等,其具体操作如下。

(1)选择创建好的图表,在"图表工具"→"设计"选项卡"数据"组中单击"选择数据"按钮,打开"选择数据源"对话框,单击"图表数据区域"参数框右侧的"收缩"按钮收缩对话框。

(2)在工作表中选择 A2:G6 单元格区域,然后单击"展开"按钮展开"选择数据源"对话框,在"水平(分类)轴标签"列表框中可看到修改后的数据区域,如图 2-95 所示。

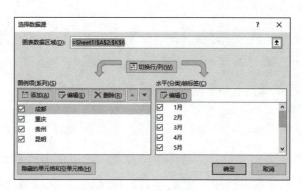

图 2-95 修改数据区域

(3)单击"确定"按钮返回图表,可以看到图表中显示的序列发生了变化,如图 2-96 所示。

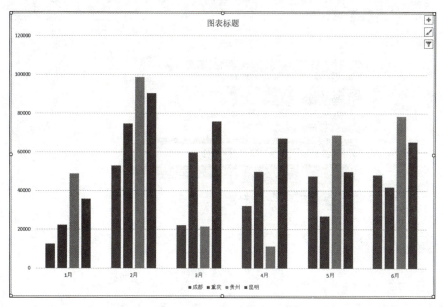

图 2-96 修改图表数据后的效果

(4)在"图表工具"→"设计"选项卡"类型"组中单击"更改图表类型"按钮,打开"更改图表类型"对话框,在"所有图表"左侧的列表框中单击"条形图"选项卡,在右侧列表框中选择"三维簇状条形图"选项,如图 2-97 所示,单击"确定"按钮,更改所选图表的类型。

图 2-97 更改图表类型

(5)在"图表工具"→"设计"选项卡"图表样式"组中单击"其他"按钮,在打开的下拉列表中选择"样式 10"选项,如图 2-98 所示,更改所选图表的样式。

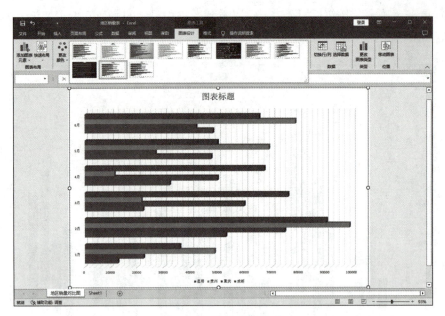

图 2-98　更改图表样式

（6）在"图表工具"→"设计"选项卡"图表布局"组中单击"快速布局"按钮，在打开的下拉列表框中选择"布局 5"选项，调整所选图表的布局。

（7）此时图表中可同时显示数据源与图表，效果如图 2-99 所示。

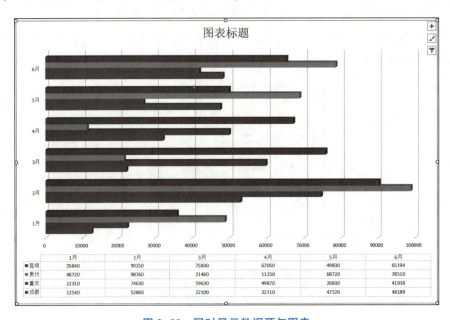

图 2-99　同时显示数据源与图表

（8）在图表区中单击任意一个绿色数据条（"贵州"数据系列），Excel 2016 将自动选择图表中的所有数据系列。在"图表工具"→"格式"选项卡"形状样式"组中单击"其他"按钮，在打开的下拉列表框中选择"强烈效果-橙色，强调颜色6"选项，图表中该序列的样式也随之变化。

（9）在"图表工具"→"格式"选项卡"当前所选内容"组中的"图表元素"下拉列表中选择"模拟运算表"选项；在"图表工具"→"格式"选项卡"形状样式"组中单击"其他"按钮，在打开的下拉列表中选择"细线-强调颜色6"选项。

（10）在图表空白处单击，在"图表工具"→"格式"选项卡"形状样式"组中单击"形状填充"按钮，在打开的下拉列表中选择"白色，背景1，深色5%"选项，完成图表样式的设置，效果如图2-100所示。

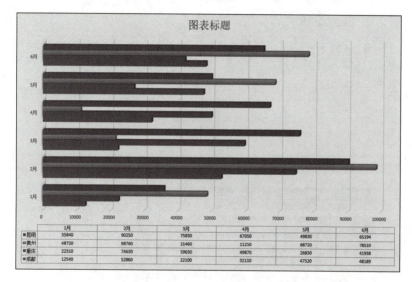

图 2-100　设置图表样式

（11）单击图表上方的图表标题，将其修改为"2021年上半年各地区销量对比"。

（12）在"图表工具"→"设计"选项卡"图表布局"组中单击"添加图表元素"按钮，在打开的下拉列表框中选择"坐标轴标题"→"主要纵坐标轴"命令，如图2-101所示。

（13）在纵坐标轴的左侧将显示坐标轴标题框，单击后输入"上半年"文本。

（14）使用相同的方法添加图例元素。使用相同的方法为序列添加数据标签。完成后的效果如图2-102所示。

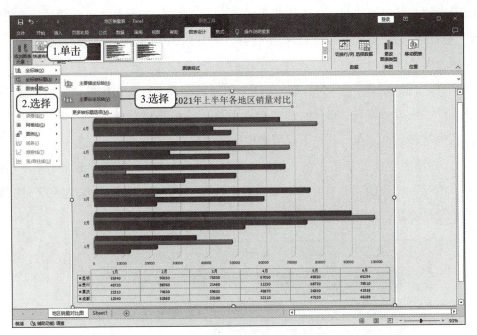

图 2-101　设置显示坐标轴标题

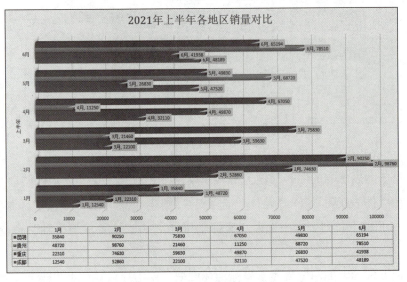

图 2-102　设置数据标签

三、使用趋势线

趋势线用于标识图表数据的分布规律，使用户能够直观地了解数据的变化趋势，或根据数据进行预测分析。在地区销量表中，用户可以通过添加趋势线来查看数据的变化趋势，其具体操作如下。

(1) 在"图表工具"→"设计"选项卡"类型"组中单击"更改图表类型"按钮，打开"更改图表类型"对话框中，在"所有图表"选项卡左侧的列表框中单击"柱形图"选项卡，在右侧列表框的"柱形图"栏中选择"簇状柱形图"选项，如图2-103所示，然后单击"确定"按钮。

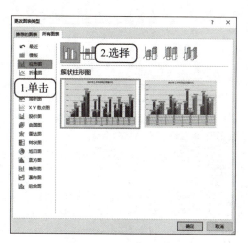

图 2-103　更改图表类型

(2) 在图表中单击"昆明"数据系列，在"图表工具"→"设计"选项卡"图表布局"组中单击"添加图表元素"按钮，在打开的下拉列表中选择"趋势线"→"移动平均"选项，为图表中的"昆明"数据系列添加趋势线，效果如图2-104所示。

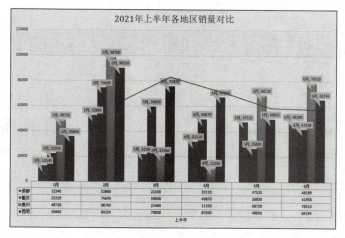

图 2-104　添加趋势线

四、插入迷你图

完成图表的编辑并添加趋势线后，还可为地区销量表添加迷你图。迷你图简洁美观、占用空间小，可以清晰展现数据的变化趋势，为数据分析工作提供了极大的便利。下面为地区销量表添加迷你图，其具体操作如下。

（1）在"Sheet1"工作表中选择 B7 单元格，在"插入"选项卡"迷你图"组中单击"折线图"按钮，打开"创建迷你图"对话框，在"数据范围"参数框中输入"B3：B6"，保持"位置范围"参数框中的默认设置，单击"确定"按钮即可在工作表中插入迷你图，如图 2-105 所示。

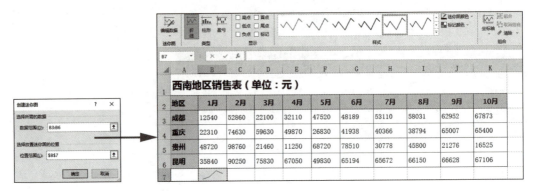

图 2-105　插入迷你图

（2）选择 B7 单元格，在"迷你图工具"→"迷你图"选项卡"显示"组中勾选"高点"和"低点"复选框；在"迷你图工具"→"迷你图"选项卡"样式"组中单击"标记颜色"按钮，在打开的下拉列表中选择"高点"→"红色"命令，如图 2-106 所示。

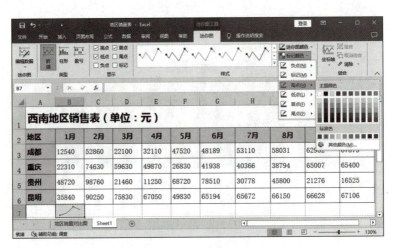

图 2-106　设置高点颜色

（3）使用同样的方法将"低点"设置为"绿色"，拖曳单元格右下角的控制柄为其他数据序列快速创建迷你图，如图 2-107 所示。

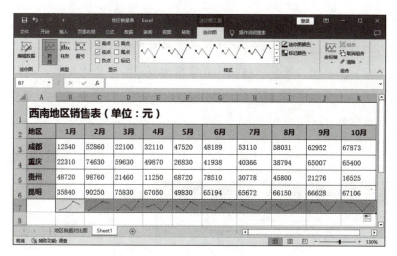

图 2-107　快速创建迷你图

? 小贴士

迷你图无法使用 Delete 键删除，其正确的删除方法是：在"迷你图工具"→"迷你图"选项卡"分组"组中单击"清除"按钮 。

知识链接

工作簿的共享与修订

在 Excel 中，可以设置工作簿的共享来加快数据的录入速度，而且在工作过程中还可以随时查看各自所做的改动。当多人一起在共享工作簿上工作时，Excel 会自动保持信息不断更新。在一个共享工作簿中，各个用户可以进行输入数据、插入行和列以及更改公式等操作，甚至还可以筛选出自己关心的数据，保留自己的视窗。

1. 共享工作簿

（1）创建共享工作簿

要通过共享工作簿来实现多人之间的协同操作，必须首先创建共享工作簿。在局域网中创建共享工作簿能够实现多人协同编辑同一个工作表，同时方便让其他人审阅工作簿。下面介绍创建共享工作簿的具体操作方法。

①打开工作簿，在"审阅"选项卡中单击"更改"组中的"共享工作簿"按钮，弹出"共享工作簿"对话框。在该对话框中勾选"允许多用户同时编辑，同时允许工作簿合并"复选框，如图 2-108 所示。

②切换到"高级"选项卡，对"修订""更新"和"视图"等选项进行设置。这里单击选中"自动更新时间间隔"单选按钮，并设置更新时间间隔，如图2-109所示。

③完成设置后，单击"确定"按钮，在弹出的提示对话框中单击"确定"按钮保存文档。此时文档的标题栏中将出现"已共享"字样，将文档保存到共享文件夹即可实现局域网中的其他用户对本文档的访问。

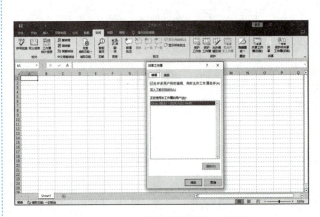

图2-108 "共享工作簿"对话框　　　　　图2-109 设置自动更新时间间隔

（2）创建受保护的共享工作簿

工作簿在共享时，为了避免用户关闭工作簿的共享或对修订记录随意修改，往往需要对共享工作簿进行保护。要实现对共享工作簿的保护，可以创建受保护的共享工作簿，下面介绍具体的操作方法。

①打开工作簿，在"审阅"选项卡中单击"更改"组中的"保护并共享工作簿"按钮，弹出"保护共享工作簿"对话框，如图2-110所示。

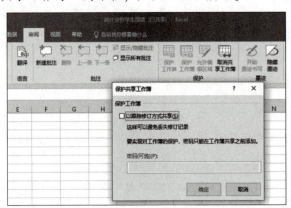

图2-110 "保护共享工作簿"对话框

②勾选"以跟踪修订方式共享"复选框，同时，在"密码"框中输入密码，完成设置后，单击"确定"按钮，如图2-111所示，弹出确认密码对话框，在"密码"框中再次输入刚才的密码。

③单击"确定"按钮关闭对话框，弹出Microsoft Excel提示对话框，提示用户系统将对文档进行保存，单击"确定"按钮保存文档即可。

图 2-111　确认密码对话框

如果要取消对共享工作簿的保护，单击"审阅"选项卡"更改"组中的"撤销对共享工作簿的保护"按钮，弹出"取消共享保护"对话框，在该对话框中输入密码，单击"确定"按钮即可。

2. 修订工作簿

（1）跟踪工作簿的修订

当需要把工作簿发送给其他人审阅时，Excel可以跟踪对工作簿的修订，文件返回后，用户可以看到工作簿的变更，并根据情况接受或拒绝这些变更。下面介绍实现跟踪工作簿修订的设置方法。

①打开共享工作簿，在"审阅"选项卡的"更改"选项组中单击"修订"按钮，在弹出的下拉列表中选择"突出显示修订"命令，如图2-112所示。

②弹出"突出显示修订"对话框，勾选"编辑时跟踪修订信息，同时共享工作簿"复选框，在"时间"下拉列表中选择"起自日期"选项，"时间"下拉列表框中此时会自动输入当前日期作为需要显示修订的时间，如图2-113所示。

图 2-112　选择"突出显示修订"命令

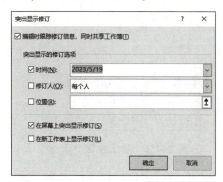

图 2-113　显示当前日期

③勾选"修订人"复选框，在右侧的下拉列表中选择修订人的范围，如图2-114所示。

④勾选"位置"复选框，在右侧的参数框中输入需要查看修订的单元格区域地址，如图2-115所示。完成设置后，单击"确定"按钮关闭对话框。

图2-114　选择查看哪个修订人的修订

图2-115　指定单元格地址

⑤此时，工作表中将突出显示指定的修订人在指定时间之后进行的修改。将鼠标指针放置在该单元格上，Excel将显示相应修订提示，以此来跟踪工作簿的修订，如图2-116所示。

（2）接受或拒绝修订

共享工作簿被修订后，用户在审阅表格时，可以选择接受或者拒绝他人修订的数据信息。下面介绍具体的操作方法。

①打开共享工作簿，在"审阅"选项卡"更改"组中单击"修订"按钮，在弹出的下拉列表中选择"接受/拒绝修订"命令。

②弹出"接受或拒绝修订"对话框，在该对话框中对"修订选项"进行设置，如这里设置修订人为"每个人"，完成设置后，单击"确定"按钮，如图2-117所示。

图2-116　显示修订提示

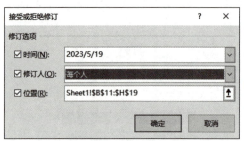

图2-117　"接受或拒绝修订"对话框

③"接受或拒绝修订"对话框中列出第一个符合条件的修订，同时，工作表中将指示出该数据。如果接受该修订内容，单击"接受"按钮即可；否则，单击"拒绝"按钮。

④此时对话框中将显示第二条修订,用户可以根据需要选择接受或拒绝这条修订。依次逐条对修订进行查看,选择接受或拒绝修订内容,完成操作后,单击"关闭"按钮即可。单击"全部接受"按钮将接受所有的修订,单击"全部拒绝"按钮将拒绝所有的修订。

思考练习

一、单选题

1. 李红在 Excel 中整理职工档案,希望"性别"一列只能从"男""女"两个值中进行选择,否则系统提示错误信息,最优的操作方法是(　　)。

A. 通过 if 函数进行判断,控制"性别"列的输入内容

B. 请同事帮忙进行检查,错误内容用红色标记

C. 设置条件格式,标记不符合要求的数据

D. 设置数据验证,控制"性别"列的输入内容

2. 王洋在 Excel 工作表中计算每个员工的工作年限,每满一年计一年工作年限,最优的操作方法是(　　)。

A. 根据员工的入职时间计算工作年限,然后手动录入工作表中

B. 直接用当前日期减去入职日期,然后除以 365,并向下取整

C. 使用 TODAY 函数返回值减去入职日期,然后除以 365,并向下取整

D. 使用 YEAR 函数和 TODAY 函数获取当前年份,然后减去入职年份

3. 将 Excel 工作表 A1 单元格中的公式 SUM(B$2:C$4)复制到 B18 单元格后,原公式将变为(　　)。

A. SUM(C$19:D$19)　　　　　　B. SUM(C$2:D$4)

C. SUM(B$19:C$19)　　　　　　D. SUM(B$2:C$4)

4. 李明正在 Excel 中计算员工本年度的年终奖金,他希望与存放在不同工作簿中的前三年奖金发放情况进行比较,最优的操作方法是(　　)。

A. 分别打开前三年的奖金工作簿,将它们复制到同一个工作表中进行比较

B. 通过全部重排功能,将四个工作簿平铺在屏幕上进行比较

C. 通过并排查看功能,分别将今年与前三年的数据两两进行比较

D. 打开前三年的奖金工作簿,需要比较时,在每个工作簿窗口之间进行切换查看

5. 常伟正在 Excel 中编辑一个包含上千人的工资表,他希望在编辑过程中总能看到表明每列数据性质的标题行,最优的操作方法是(　　)。

A. 通过 Excel 的拆分窗口功能，使得上方窗口显示标题行，同时在下方窗口中编辑内容

B. 通过 Excel 的冻结窗格功能将标题行固定

C. 通过 Excel 的新建窗口功能，创建一个新窗口，并将两个窗口水平并排显示，其中上方窗口显示标题行

D. 通过 Excel 的打印标题功能设置标题行重复出现

二、填空题

1. 工作簿是 Excel 用来处理和存储数据的文件，扩展名为_____。
2. Excel 函数通常由函数名称、左括号、_____和右括号构成。
3. Excel 中包含_____、算术运算符、_____和文本运算符 4 类运算符。
4. 在高级筛选方式下可以实现只满足一个条件的_____条件筛选，也可以实现同时满足两个条件的_____条件筛选。

三、简答题

1. 简述 Excel 2016 工作窗口中各部分的功能。
2. 什么是单元格？什么是单元格区域？

四、操作题

新建一个工作簿文件，将工作表改名为"员工薪水表"，按表 2-6 所示表格样式输入数据并编辑表格，然后进行如下操作。

（1）使用公式计算薪水。
（2）按"分公司"分类汇总每个公司薪水的最大值。

表 2-6 员工薪水表

员工薪水表							
序号	姓名	部门	分公司	工作时间	工作时数	小时报酬	薪水
1	杜永宁	软件部	南京	86/12/24	160	36	
2	王传华	销售部	西安	85/7/5	140	28	
3	殷泳	培训部	西安	90/7/26	140	21	
4	杨柳青	软件部	南京	88/6/7	160	34	
5	段楠	软件部	北京	83/7/12	140	31	
6	刘朝阳	销售部	西安	87/6/5	140	23	
7	王雷	培训部	南京	89/2/26	140	28	
8	楮彤彤	软件部	南京	83/4/15	160	42	
9	陈勇强	销售部	北京	90/2/1	140	28	

续表

员工薪水表							
10	朱小梅	培训部	西安	90/12/30	140	21	
11	于洋	销售部	西安	84/8/8	140	23	
12	赵玲玲	软件部	西安	90/4/5	160	25	
13	冯刚	软件部	南京	85/1/25	160	45	
14	郑丽	软件部	北京	88/5/12	160	30	
15	孟晓姗	软件部	西安	87/6/10	160	28	
16	杨子健	销售部	南京	86/10/11	140	41	
17	廖东	培训部	上海	85/5/7	140	21	
18	臧天歆	销售部	上海	87/12/19	140	20	

参考答案

一、选择题

1. D 2. C 3. B 4. B 5. B

二、填空题

1. .xlsx

2. 参数列表

3. 引用运算符、比较运算符

4. 或、与

三、简答题

略

四、操作题

略

项目三 演示文稿制作

项目概述

演示文稿由一张或若干张幻灯片组成。每张幻灯片一般又包括两部分内容：幻灯片标题（用来表明主题）、若干文本条目（用来论述主题），另外，还可以包括图形、图片、图表、表格、视频等其他对论述主题有帮助的内容。本项目主要介绍如何利用PowerPoint 2016软件制作和处理演示文稿，包括演示文稿的基本操作、外观设计与排版、动效设计、放映与输出等内容。

学习目标

知识目标

1. 熟悉演示文稿的作用及应用场景。
2. 掌握当今市场常见的主流演示文稿制作软件的操作使用。
3. 了解演示文稿的内容结构。
4. 能正确区分演示文稿、幻灯片及内容对象元素。

能力目标

1. 会创建并设置一个演示文稿文件或文档。
2. 能灵活运用版式、模板、母版、主题样式和背景、颜色效果等工具进行演示文稿的外观设计与排版。能根据不同需要设置合适的动画效果。
3. 熟练设置并选择合适的输出方式，进行演示文稿的放映或其他形式的输出展示。

素质目标

1. 通过小组协作的方式完成演示文稿作品的设计制作，体验团队合作力量的强大。
2. 培养专业技能，提升探究意识。

任务一 制作景区介绍演示文稿

任务描述

本任务要求学生通过学习制作景区介绍演示文稿，掌握 PowerPoint 2016 基本操作，掌握演示文稿文件创建、属性设置、文档保存、幻灯片插入与编辑、内容的输入与编辑美化等。

知识储备

一、熟悉 PowerPoint 2016 基本界面

PowerPoint 2016 是制作演示文稿的一种软件，启动 PowerPoint 2016 后，将打开图 3-1 所示的工作窗口。

图 3-1　PowerPoint 2016 工作窗口

下面介绍 PowerPoint 2016 工作窗口中的几个主要组成部分及其用途。

（一）幻灯片窗格

幻灯片窗格中以预览的形式显示当前幻灯片，可以添加文本，插入图片、表格、图表、绘图对象、文本框、电影、声音、超链接和动画等。

（二）备注窗格

备注窗格用于输入与每张幻灯片的内容相关的备注，这些备注一般包含演讲者在讲演时所需的一些提示信息。

（三）占位符

占位符是指创建新幻灯片时出现的虚线方框，这些方框代表着一些待定的对象，用来放置标题及正文或图表、表格和图片等对象。占位符是幻灯片设计模板的主要组成元素，在占位符中添加文本和其他对象可以方便地建立规整美观的演示文稿。

如果文本大小超出了占位符的大小，PowerPoint 会逐渐减小输入文本的字号和行间距，以使文本大小合适。

（四）视图按钮

此处包括 4 种不同的视图按钮，即"普通视图"按钮、"幻灯片浏览"按钮、"阅读视图"按钮和"幻灯片放映"按钮，单击不同的按钮，可切换到相应的视图。

二、PowerPoint 2016 的视图方式

PowerPoint 2016 主要有 5 种视图方式，即普通视图、大纲视图、幻灯片浏览视图、备注页视图和阅读视图，如图 3-2 所示。每种视图有其特定的显示方式，因此，在编辑文档时选用不同的视图可以使文档的浏览或编辑更加方便。

图 3-2　幻灯片视图

（一）普通视图

PowerPoint 2016 启动后就直接进入普通视图，它是主要的编辑视图，用于撰写和设计演示文稿。拖动窗格分界线，可以调整窗格的尺寸。

（二）大纲视图

大纲视图能够在左侧的幻灯片窗格中显示幻灯片内容的主要标题和大纲，便于用户更好、更快地编辑幻灯片内容。进入大纲视图状态，可以看到演示文稿中的每张幻灯片都以内容提要的形式呈现。

（三）幻灯片浏览视图

幻灯片浏览视图将当前演示文稿中所有幻灯片以缩略图的形式排列在屏幕上。通过幻灯片浏览视图，制作者可以直观地查看所有幻灯片的情况，也可以直接进行复制、删除和移动幻灯片的操作，但不能改变幻灯片本身的内容。

（四）备注页视图

备注页视图可以让演讲者通过备注页对幻灯片做相应的解释，以便更好地讲解。

（五）阅读视图

在创建演示文稿的过程中，单击"阅读视图"按钮，将以适当的窗口大小放映幻灯片，审视演示文稿的放映效果。

三、创建、保存演示文稿

（一）创建演示文稿

在 PowerPoint 2016 中，一个演示文稿一般由多张幻灯片组成，其中包括文字、图形、注释、多媒体等各种对象。一个演示文稿就是一个 PowerPoint 文件，其扩展名为 .pptx。

1. 利用已有模板创建演示文稿

当需要创建一个新的演示文稿时，可以选择"文件"后台视图中的"新建"命令，在右侧窗格中可看到可用的模板和主题界面，如图 3-3 所示。

在可用的模板和主题界面下可以选择"样本模板""主题""我的模板"等选项，应用已有的模板。选择需要的模板后，演示文稿会按照模板中设定好的背景、字体等规则进行显示。

2. 从 Office Online 下载模板

如果没有合适的模板可以使用，可以在"Office.com 模板"选项组中选择合适的模板类型进行下载。

3. 保存"我的模板"

当遇到喜欢的模板，希望将其保存以备下次使用时，可以利用"另存为"命令，在打开的"另存为"对话框中的"保存类型"下拉列表中选择"PowerPoint 演示文稿"类型

（扩展名为.potx），如图 3-4 所示，保存在默认路径下。以后可以在可用的模板和主题界面中的"我的模板"中找到该模板。

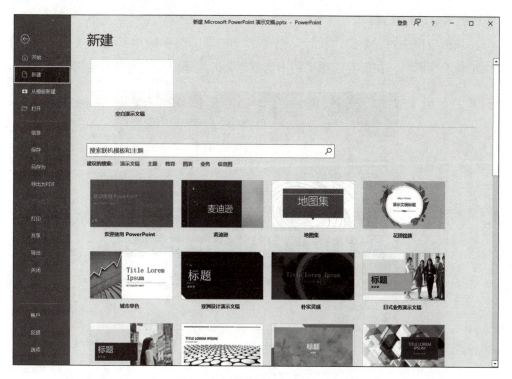

图 3-3 可用的模板和主题界面

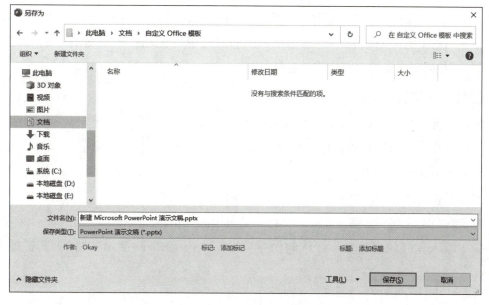

图 3-4 "另存为"对话框

4. 设置样式

可以利用"设计"选项卡"主题"组中的主题模式功能快速对现有的演示文稿的背景、字体效果等进行设置。

（1）快速应用主题。单击"设计"选项卡"主题"组中的"其他"按钮，打开下拉列表，如图3-5所示，在所有的预览图中选择想要的主题应用在幻灯片中即可。

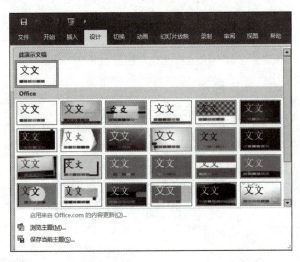

图3-5 "主题"下拉列表

（2）自定义并保存主题样式。如果对主题样式库中的样式不满意，可利用"设计"选项卡"主题"组中的主题样式设置工具，设置主题的颜色、字体和效果。对于设置好的主题，如果想要保存并在以后使用，可在图3-5中选择"保存当前主题"命令，在弹出的"保存当前主题"对话框中，保存在默认的路径中（主题扩展名为 .thmx），以后在"主题"下拉列表中就可以看到该自定义主题。

（二）保存演示文稿

PowerPoint 2016 提供了3种保存演示文稿的方法。

（1）选择"文件"后台视图中的"保存"命令。

（2）按 Ctrl+S 组合键。

（3）单击快速访问工具栏中的"保存"按钮。

对于新创建的演示文稿，选择"文件"菜单中的"保存"命令，在打开的"另存为"对话框中输入保存的文件名，默认的保存类型是"PowerPoint 演示文稿"，其扩展名为". pptx"。

四、编辑演示文稿

（一）幻灯片版式

幻灯片版式是指 PowerPoint 预设的幻灯片页面格式。通过选择"开始"选项卡"幻灯片"组中的"版式"下拉列表中的版式，可以为当前幻灯片选择应用一种版式，如图 3-6 所示。

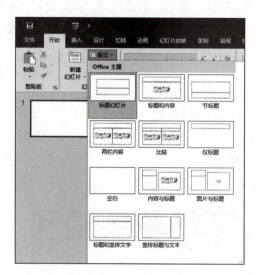

图 3-6　版式设置

演示文稿的第一张幻灯片的版式通常应选择"标题幻灯片"版式，其中包含一个标题占位符和一个副标题占位符。

（二）输入和编辑文本

1. 输入文本

文本对象是幻灯片的基本内容，也是演示文稿中最重要的部分。合理地组织文本对象可以使幻灯片更好地传达信息。幻灯片中可以输入文本的位置通常有两种：占位符和文本框。

（1）在占位符中输入文本。占位符是幻灯片设计模板的主要组成元素，在文本占位符中单击，即可输入或粘贴文本。

（2）在文本框中输入文本。如果要在占位符以外的其他位置输入文本，则必须在文本框中输入。单击"插入"选项卡"文本"组中的"文本框"按钮下方的下拉按钮，在弹出的下拉列表中选择"横排文本框"或"竖排文本框"命令，即可在幻灯片中插入文本框，然后在该文本框中输入文本即可。

2. 设置文本格式

设置文本格式之前，首先要选中需要设置格式的文本或段落，也可以选中整个文本框或占位符，对文本框内所有的文本设置统一的格式。

选中要编辑的文本，在"开始"选项卡中可以设置选中文本的字体，并进行字体格式、对齐方式、行距、项目符号和编号等设置。其中，演示文稿中的项目符号和编号按层次关系可以分为 5 个级别。例如，对于横排文本框或占位符而言，最靠左边的项目符号或编号为一级项目符号或一级编号，每向右缩进一次，就降低一个级别。选中需要升、降级别的段落，将光标定位到段落最前面（项目符号或编号之后），按 Tab 键可以实现项目符号或编号的降级，按 Shift+Tab 组合键可以实现项目符号或编号的升级。

（三）创建新幻灯片

在演示文稿中，默认情况下幻灯片的数量只有一张，如果需要多张幻灯片，用户可以按照以下方法创建新幻灯片。

（1）单击"开始"选项卡"幻灯片"组中的"新建幻灯片"按钮下方的下拉按钮，在弹出的下拉列表中选择要添加的幻灯片版式，如图 3-7 所示。

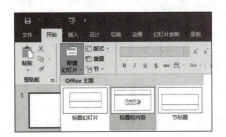

图 3-7 通过"开始"选项卡中的命令按钮新建幻灯片

（2）在幻灯片窗格中，单击当前幻灯片，然后按 Enter 键。

（3）使用 Ctrl+M 组合键。

（四）管理幻灯片

1. 选中幻灯片

复制、移动、删除幻灯片之前，首先应选中相应的一张或多张幻灯片。只需单击相应的幻灯片即可选中。选中多张不连续的幻灯片需配合 Ctrl 键，单击第一张幻灯片，按住 Ctrl 键的同时单击其他幻灯片即可；选中多张连续的幻灯片，需配合 Shift 键，单击第一张幻灯片，按住 Shift 键的同时单击最后一张幻灯片即可。

2. 移动幻灯片

移动幻灯片就是将幻灯片的次序进行调整，更改幻灯片放映时的播放顺序。在普通视图或幻灯片浏览视图中,单击需要移动的幻灯片,按住鼠标左键拖曳到需插入的位置,释放鼠标左键,该幻灯片即可移动到新的位置。也可以使用"剪切""粘贴"命令来完成移动幻灯片的操作。

3. 复制幻灯片

先选择需要复制的幻灯片,然后使用"复制""粘贴"命令,完成复制幻灯片的操作。

4. 隐藏幻灯片

在放映幻灯片时,为了节省时间,可把一些非重点的幻灯片隐藏起来,被隐藏的幻灯片仅在放映时不显示。隐藏幻灯片的操作方法是:单击"幻灯片放映"选项卡"设置"组中的"隐藏幻灯片"按钮,或右击需要隐藏的幻灯片,在弹出的快捷菜单中选择"隐藏幻灯片"命令。

5. 删除幻灯片

删除幻灯片操作可在普通视图或幻灯片浏览视图中进行。选中要删除的幻灯片,右击,在弹出的快捷菜单中选择"删除幻灯片"命令,即可删除所选中的幻灯片;或选中要删除的幻灯片,然后按 Delete 键,同样可删除所选择的幻灯片。

(五)插入多媒体对象

在制作幻灯片的过程中,通过"插入"选项卡中的命令按钮,可在幻灯片中插入图像、SmartArt 图形、表格、音频或视频、页眉和页脚等对象,如图 3-8 所示。

图 3-8 "插入"选项卡

1. 插入图像

在幻灯片中,插入图像可以使演示文稿形象生动、图文并茂。幻灯片中图像的来源有图片、剪贴画、屏幕截图和相册。

2. 插入 SmartArt 图形

在编辑幻灯片时,通常会插入多媒体元素,以更生动地说明演示内容,如插入形状、SmartArt 图形、图表等,其中,SmartArt 图形可以把单一的列表变成色彩斑斓的有序列表、组织图或流程图。单击"插入"选项卡"插图"组中的"SmartArt"按钮,打开图 3-9 所示的"选择 SmartArt 图形"对话框,在该对话框中选择相应的图形即可。

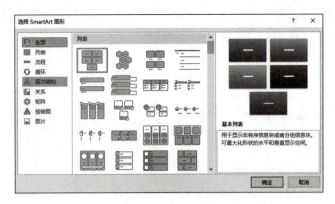

图 3-9 "选择 SmartArt 图形"对话框

3. 插入表格

单击"插入"选项卡"表格"组中的"表格"按钮,在弹出的下拉列表中拖曳鼠标选择需要的行、列数,即可在当前的幻灯片上插入表格,如图 3-10 所示。

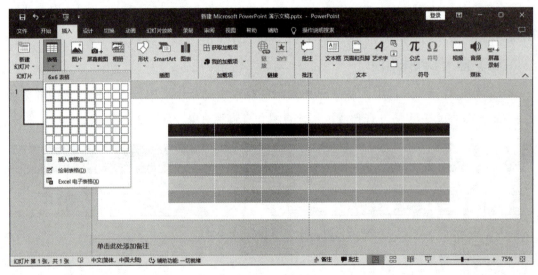

图 3-10 插入表格

4. 插入音频或视频

利用"插入"选项卡"媒体"组中的"视频"按钮或"音频"按钮,可以在演示文稿中插入影音文件。

选中插入的音频或视频文件,可调出"音频工具"或"视频工具"上下文选项卡。以插入音频为例,在"音频工具"→"播放"选项卡"音频样式"组中,可以设置音频的播放起止时间等,如图 3-11 所示。

图 3-11 "音频样式"组

5. 插入页眉和页脚

在幻灯片中插入页眉和页脚，可以使幻灯片更易于阅读。单击"插入"选项卡"文本"组中的"页眉和页脚"按钮，弹出"页眉和页脚"对话框，如图 3-12 所示，在该对话框中进行设置。单击"应用"按钮，可应用于当前幻灯片；单击"全部应用"按钮，可应用于整个演示文稿。

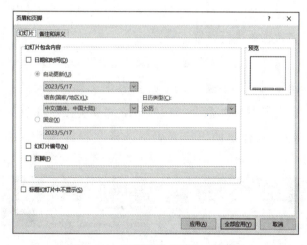

图 3-12 "页眉和页脚"对话框

（1）日期和时间。勾选该复选框，可在幻灯片中显示时间和日期。

（2）幻灯片编号。勾选该复选框，可在幻灯片中显示编号。

（3）页脚。勾选该复选框，可在其下方的文本框中输入需要在页脚中显示的文字。

（4）标题幻灯片中不显示。勾选该复选框，则在标题页中不显示页眉和页脚。

五、美化演示文稿

设计和美化演示文稿时，可参照几个原则：主题鲜明、文字简练、结构清晰、逻辑性强，和谐醒目、美观大方、生动活泼、引人入胜。

要使演示文稿的风格一致，可以通过设置统一的外观来实现。PowerPoint 2016 提供的主题、背景功能，可方便地对演示文稿中的幻灯片外观进行调整和设置。

（一）应用主题

对幻灯片应用主题即对幻灯片的整体样式进行设置，包括幻灯片中的背景和文字等对象。PowerPoint 2016 提供了许多主题样式，应用主题后的幻灯片，会被赋予更专业的外观，从而改变整个演示文稿的格式。此外，用户还可以根据自己的需要自定义主题样式。

1. 快速应用主题

单击"设计"选项卡"主题"组中的"其他"按钮，在弹出的下拉列表中可以看到许多主题样式（图 3-5），在其中选择适合的主题应用即可。

2. 自定义主题

如果"主题"下拉列表中的主题样式满足不了要求，则可根据自己的需要自定义主题样式，即通过"设计"选项卡"变体"下拉列表中的"颜色""字体""效果"等命令，对主题的颜色、字体和效果等进行设置。

（1）打开应用了"画廊"主题的演示文稿，如图 3-13 所示。单击"设计"选项卡"变体"组中的"其他"按钮，在弹出的下拉列表中选择"颜色"，展开二级下拉列表（图 3-14），选择"自定义颜色"命令。在弹出的"新建主题颜色"对话框中单击"文字/背景-浅色 2"按钮，在弹出的下拉列表中选择"粉红，个性色 2，淡色 60%"选项，如图 3-15 所示。

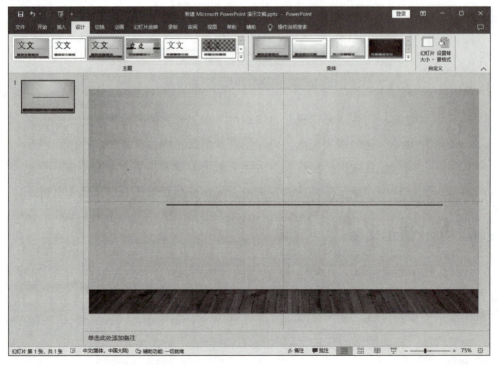

图 3-13　画廊主题

图 3-14 "颜色"二级下拉列表

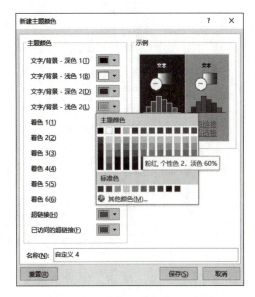

图 3-15 "编辑主题颜色"对话框

（2）单击"保存"按钮完成自定义主题颜色设置，效果如图 3-16 所示。在"变体"下拉列表中选择"字体"→"编辑主题字体"命令，在弹出的图 3-17 所示的"编辑主题字体"对话框中分别设置"标题字体"和"正文字体"为"幼圆"，在"名称"文本框中输入自定义字体名称。

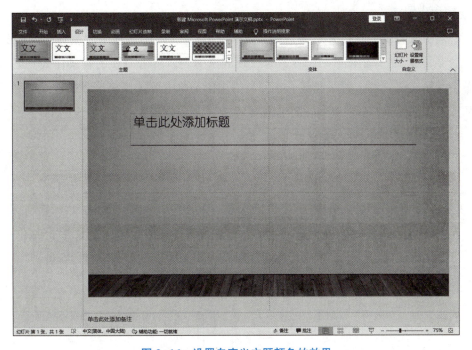

图 3-16 设置自定义主题颜色的效果

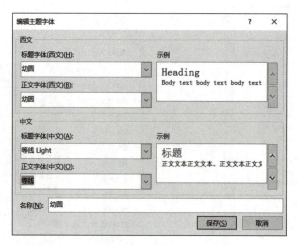

图 3-17 "新建主题字体"对话框

（3）单击"保存"按钮，完成自定义主题字体设置。在"变体"下拉列表中选择"效果"，在展开的二级下拉列表（图 3-18）中选择"棱纹"选项，完成自定义主题效果设置。

（二）设置幻灯片背景

设置幻灯片的背景，既可以为单张幻灯片设置背景，也可以为演示文稿中的所有幻灯片设置相同的背景。

1. 使用内置样式

打开需更改背景的幻灯片母版或演示文稿，在"设计"选项卡"变体"下拉列表中选择"背景样式"，弹出图 3-19 所示的二级下拉列表。单击需要的背景样式，可将其应用于整个演示文稿；右击背景样式，在弹出的快捷菜单中可选择将该背景样式应用于当前幻灯片或整个演示文稿。

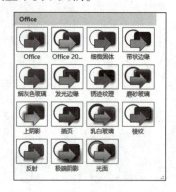

图 3-18 "效果"二级下拉列表

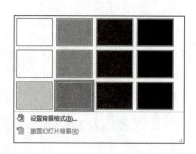

图 3-19 "背景样式"二级下拉列表

2. 自定义背景样式

单击"设计"选项卡"自定义"组的"设置背景格式"按钮,在打开的"设置背景格式"窗格中,可设置以填充方式或图片作为背景,如图 3-20 所示。如果选择填充方式,则可以指定"纯色填充""渐变填充""图片或纹理填充"等,并进一步设置相关的选项。

图 3-20 "设置背景格式"任务窗格

任务实施:制作景区介绍演示文稿

一、新建并保存演示文稿

制作演示文稿前,需要先新建并保存演示文稿。下面将新建一个空白演示文稿,再将其以"国家 5A 级旅游景区介绍"为名保存在计算机中,其具体操作如下。

(1)单击"开始"按钮,选择"PowerPoint 2016"命令,启动 PowerPoint 2016。

(2)在打开的启动界面中直接选择"空白演示文稿"选项,如图 3-21 所示,新建一个名为"演示文稿 1"的演示文稿。

(3)在快速访问工具栏中单击"保存"按钮,进入"另存为"界面,在"另存为"

列表中选择"浏览"选项。

（4）打开"另存为"对话框，在地址栏中设置文稿保存路径，在"文件名"下拉列表框中输入"国家 5A 级旅游景区介绍"文本，在"保存类型"下拉列表框中选择"PowerPoint 演示文稿（*.pptx）"选项，单击"保存"按钮，如图 3-22 所示，完成演示文稿的保存操作。

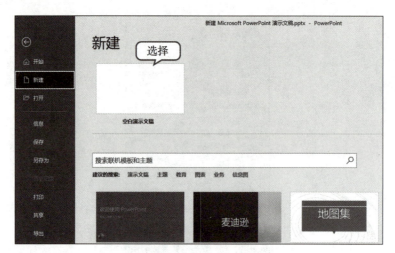

图 3-21　新建空白演示文稿

图 3-22　保存演示文稿

二、新建幻灯片

新建并保存演示文稿后，即可开始添加演示文稿中的内容。在制作"国家 5A 级旅游景区介绍"演示文稿时，可以先搭建演示文稿的基本框架，即先做好幻灯片的新建操作，其具体操作如下。

(1) 由于新建的演示文稿中只有一张标题幻灯片,因此需要新建幻灯片,增加演示文稿中幻灯片的数量。在"幻灯片"窗格中选择第 1 张幻灯片缩略图,直接按 Enter 键新建一张幻灯片,新建的幻灯片版式默认为"标题和内容"版式。

(2) 在"开始"选项卡"幻灯片"组中单击"新建幻灯片"按钮下方的下拉按钮,在打开的下拉列表中选择"空白"选项,如图 3-23 所示,即可新建一张"空白"版式的幻灯片。

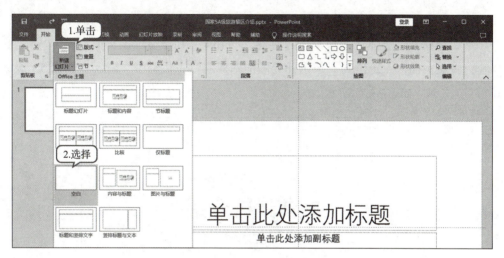

图 3-23 新建"空白"版式幻灯片

(3) 此时,演示文稿中共有 3 张幻灯片,效果如图 3-24 所示。

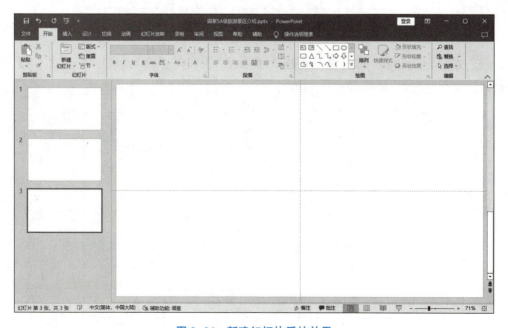

图 3-24 新建幻灯片后的效果

三、输入文本并设置文本格式

搭建好演示文稿的基本框架后,就可以在幻灯片中输入文本并设置文本的格式,以完善演示文稿的内容。在"国家5A级旅游景区介绍"演示文稿中,可以先编辑前两张幻灯片中的文本,其具体操作如下。

(1)选择第1张幻灯片,将文本插入点定位到"单击此处添加标题"占位符中,占位符中的文本将自动消失。切换到中文输入法,输入"旅游景区介绍"文本。选择文本,在"开始"选项卡"字体"组中单击"加粗"按钮 **B**,加粗显示该文本。

(2)将文本插入点定位到"单击此处添加副标题"占位符中,输入"国家5A级景区(四川)"文本,如图3-25所示。

图 3-25　编辑第 1 张幻灯片

(3)在第2张幻灯片的"单击此处添加标题"占位符中输入"目录"文本,设置该文本格式为"加粗",效果如图3-26所示。

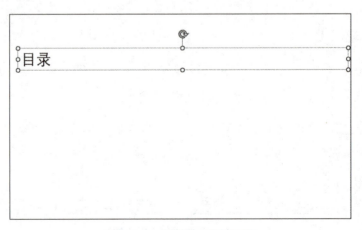

图 3-26　编辑第 2 张幻灯片

四、文本框的使用

除了可以在演示文稿的占位符中输入文本外,还可在文本框中输入文本。在编辑"国家 5A 级旅游景区介绍"演示文稿的第 2 张幻灯片时,可以添加文本框,在文本框中输入目录的具体内容,其具体操作如下。

(1)选择第 2 张幻灯片,在"插入"选项卡"文本"组中单击"文本框"按钮下方的下拉按钮,在打开的下拉列表中选择"横排文本框"命令,在幻灯片中拖曳绘制文本框,如图 3-27 所示。

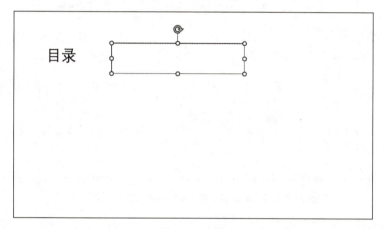

图 3-27 绘制文本框

(2)在文本框中输入"九寨沟"文本,设置文本字号为"32"。

(3)将文本插入点定位到"单击此处添加文本"占位符中,在其中输入图 3-28 所示的文本,设置文本字号为"16"。然后将该占位符拖曳到"九寨沟"文本的下方,并调整其大小。

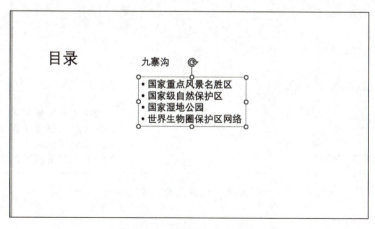

图 3-28 输入并设置文本

(4) 拖曳鼠标框选"九寨沟"文本框和其下方的占位符，按 Ctrl+C 组合键复制对象，按 Ctrl+V 组合键粘贴对象，然后修改文本框和占位符中的内容，并将其拖曳到合适位置。再粘贴对象两次，修改文本框和占位符中的文本，效果如图 3-29 所示。

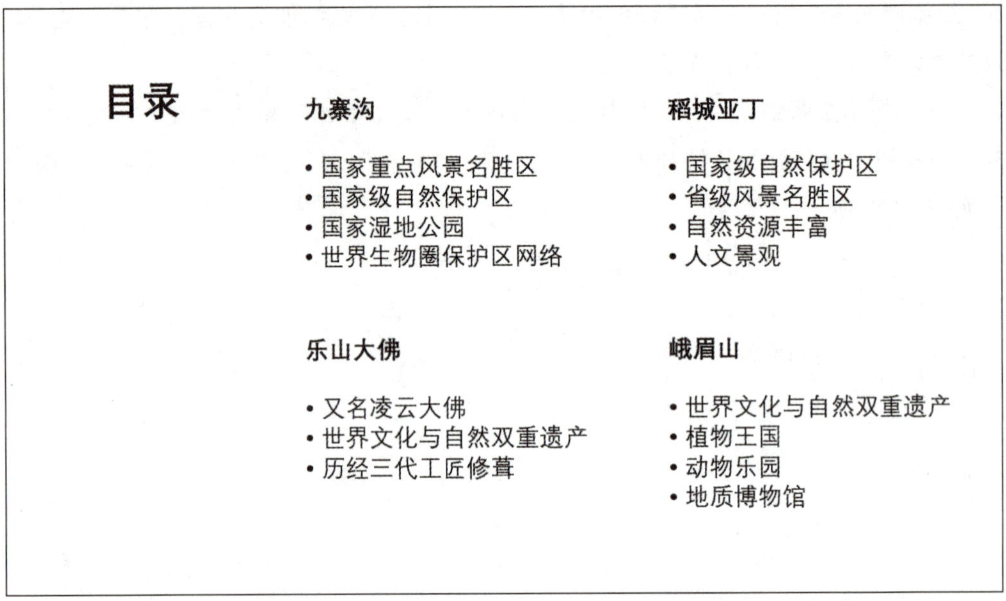

图 3-29　复制文本框和占位符并修改其中的文本

(5) 选择"目录"文本所在的文本框，在"开始"选项卡"段落"组中单击"文字方向"按钮，在打开的下拉列表中选择"竖排"选项，如图 3-30 所示，设置该文本的显示方向。

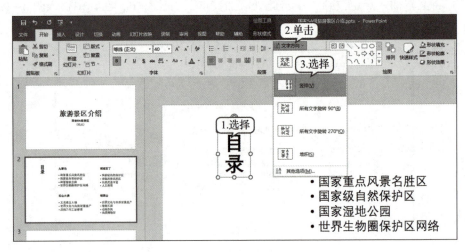

图 3-30　设置文本竖排显示

五、插入并编辑图片、形状

图片、形状可以起到美化演示文稿的作用,并辅助文本说明演示文稿的内容。在"国家 5A 级旅游景区介绍"演示文稿中添加图片和形状,可以使演示文稿图文并茂,其具体操作如下。

(1)选择第 1 张幻灯片,在"插入"选项卡"图像"组中单击"图片"按钮,打开"插入图片"对话框,选择"封面.png"素材图片,然后单击"插入"按钮,如图 3-31 所示。

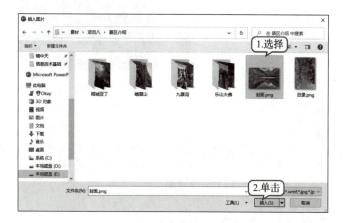

图 3-31　插入图片

(2)将图片拖曳到幻灯片右上角,然后将鼠标指针放在图片左下角的控制点上,向左下方拖曳以放大图片,如图 3-32 所示。

图 3-32　编辑图片

(3)选择图片,在"图片工具"→"格式"选项卡"排列"组中单击"下移一层"按钮右侧的下拉按钮,在打开的下拉列表框中选择"置于底层"命令,如图3-33所示。

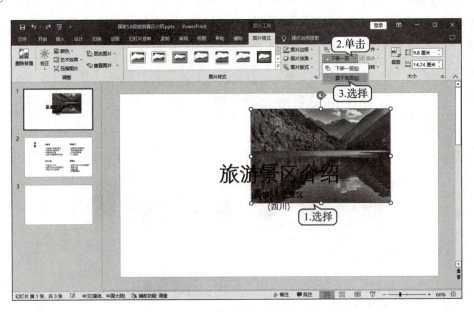

图3-33 设置图片的排列顺序

(4)在"插入"选项卡"插图"组中单击"形状"按钮,在打开的下拉列表中选择"矩形"选项,如图3-34所示。

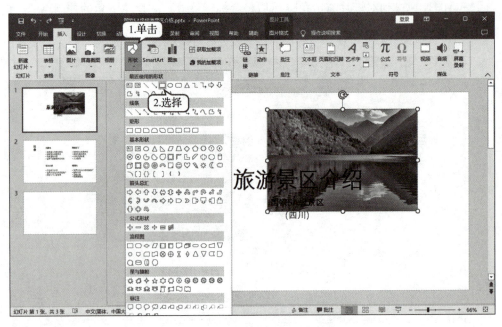

图3-34 选择"矩形"选项

(5)按住 Shift 键的同时拖曳鼠标绘制一个正方形,设置正方形的形状填充为"白色,背景 1,深色 5%",形状轮廓为"无轮廓"。将鼠标指针移至正方形上方的 ◎ 图标上,向右拖曳鼠标以旋转正方形,效果如图 3-35 所示。

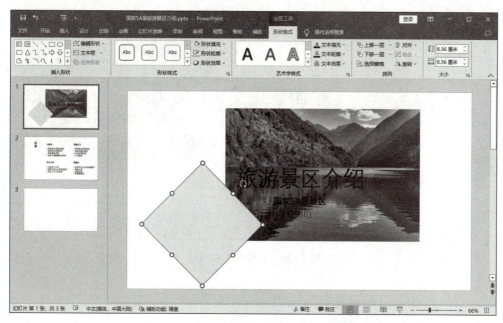

图 3-35 绘制并编辑形状

(6)按 Ctrl+C 组合键复制该正方形,再按 Ctrl+V 组合键粘贴该正方形。设置粘贴得到的正方形的形状填充为"无填充颜色",形状轮廓为"白色,背景 1"。适当调整两个正方形的位置,按 Ctrl+G 组合键将它们组合在一起。

(7)将文本移动到正方形的上层,将"旅游景区介绍"文本的字号设置为"48",使其能完整显示在正方形中。适当调整正方形与文本的位置,然后使用相同的方法在"旅游景区介绍"和"国家 5A 级景区(四川)"文本的中间绘制一条直线,设置直线的形状样式为"细线-深色 1",效果如图 3-36 所示。

(8)使用相同的方法,在第 2 张幻灯片中插入"目录.png"素材图片,调整其大小并将其放置在幻灯片的左侧。在图片上层绘制一个圆角矩形,设置圆角矩形的形状填充为"白色,背景 1",形状轮廓为"无轮廓"。复制圆角矩形,再粘贴圆角矩形,设置粘贴得到的圆角矩形的形状填充为"无填充颜色",形状轮廓为"黑色,文字 1,淡色 50%"。将"目录"文本移动到圆角矩形上层,调整文本框的大小,并设置文本对齐方式为"两端对齐",效果如图 3-37 所示。

图 3-36 编辑文本和形状

图 3-37 在第 2 张幻灯片中添加图片和形状

（9）选择第 1 张幻灯片中绘制的组合形状，按 Ctrl+C 组合键复制该组合形状。选择第 2 张幻灯片，按 Ctrl+V 组合键粘贴该组合形状，将其填充颜色修改为"橙色"。调整组合形状的大小，绘制横排文本框，输入文本"1"，设置文本填充为"白色，背景 1"。选择组合形状和文本框，复制并粘贴 3 次，修改组合形状中的文本。然后将 4 组文本和组合形状依次放到"九寨沟""稻城亚丁""乐山大佛""峨眉山"文本前，适当调整其位置，效果如图 3-38 所示。

图 3-38 第 2 张幻灯片的最终效果

六、插入并编辑艺术字

艺术字可以美化演示文稿。在"国家 5A 级旅游景区介绍"演示文稿中,可以直接使用艺术字制作景区介绍的标题文本,其具体操作如下。

(1)选择第 3 张幻灯片,在"插入"选项卡"文本"组中单击"艺术字"按钮 A,在打开的下拉列表中选择"填充-黑色,文本 1,阴影"选项,如图 3-39 所示。

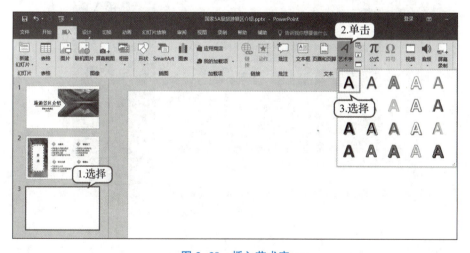

图 3-39 插入艺术字

(2)在艺术字文本框中输入"九寨沟"文本,设置文本字号为"32"并加粗,将其移动到幻灯片左上角。然后复制第 2 张幻灯片中的橙色组合形状,将其粘贴到第 3 张幻灯片中,并将组合形状移动到艺术字左侧,效果如图 3-40 所示。

(3)使用相同的方法,在第 3 张幻灯片中插入并调整"九寨沟"素材文件夹中的图片，然后输入相应的文本并绘制形状，效果如图 3-41 所示。

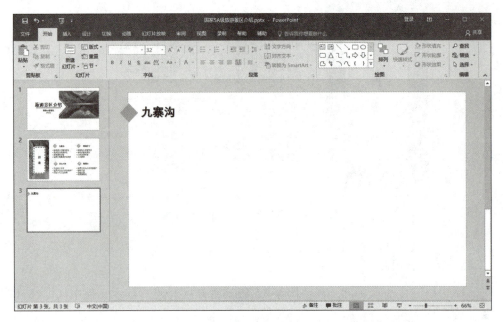

图 3-40　编辑艺术字并粘贴组合形状

图 3-41　编辑第 3 张幻灯片

（4）选择第 3 张幻灯片，按 Ctrl+C 组合键复制该幻灯片，再按 Ctrl+V 组合键粘贴该幻灯片，得到第 4 张幻灯片，修改第 4 张幻灯片中的文本和图片，完成第 4 张幻灯片的制作，效果如图 3-42 所示。

（5）使用相同的方法，复制并粘贴 4 次第 4 张幻灯片，并修改幻灯片中的文本和图片，完成第 5~8 张幻灯片的制作，效果如图 3-43 所示。

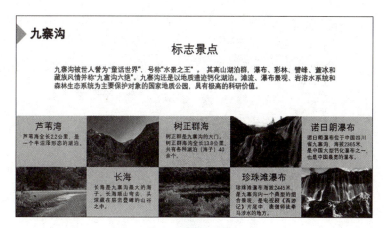

图 3-42　编辑第 4 张幻灯片

图 3-43　第 5~8 张幻灯片的效果

七、插入并编辑 SmartArt 图形

在制作"国家 5A 级旅游景区介绍"演示文稿时，若需要展示时间变化或关系变化，则可以使用 SmartArt 图形，其具体操作如下。

(1) 选择第 6 张幻灯片，在"插入"选项卡"插图"组中单击"SmartArt"按钮，打开"选择 SmartArt 图形"对话框，单击对话框左侧的"流程"选项卡，在右侧列表框中选择"图片重点流程"选项，然后单击"确定"按钮，如图 3-44 所示。

(2) 插入 SmartArt 后，在其中输入文本，并设置文本字号为"18"。然后调整 SmartArt 图形的大小，将其移动到幻灯片上方的空白处，效果如图 3-45 所示。

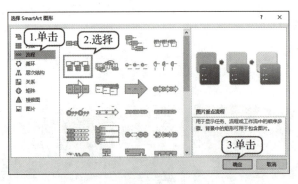

图 3-44 "选择 SmartArt 图形"对话框

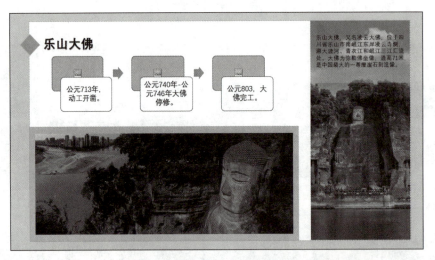

图 3-45 编辑 SmartArt 图形

（3）双击 SmartArt 图形中的缩略图图标，打开"插入图片"对话框，选择"从文件"选项，在打开的"插入图片"对话框中选择"图片 1.png"素材图片，单击"插入"按钮，如图 3-46 所示。

图 3-46 为 SmartArt 图形添加图片

（4）使用相同的方法添加"图片 2.png""图片 3.png"，然后选择 SmartArt 图形，在"SmartArt 工具"→"设计"选项卡"SmartArt 样式"组中单击"更改颜色"按钮，在打开的下拉列表中选择"彩色-个性色"选项，如图 3-47 所示。SmartArt 图形编辑完成后的效果如图 3-48 所示。

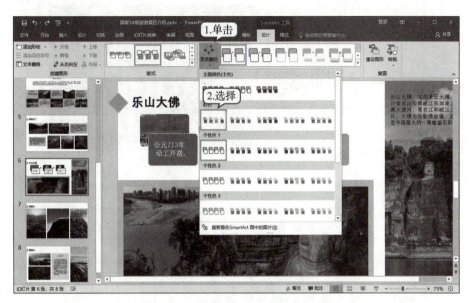

图 3-47　设置 SmartArt 图形的颜色

图 3-48　查看效果

八、插入并编辑媒体文件

为了丰富"国家 5A 级旅游景区介绍"演示文稿的视听效果，可以在幻灯片中添加媒体文件，其具体操作如下。

(1)选择第1张幻灯片,复制并粘贴该幻灯片,然后将粘贴的幻灯片移动到最后。将幻灯片中"旅游景区介绍"文本修改为"谢谢观看!"文本,完成第9张幻灯片的制作,效果如图3-49所示。

图3-49 制作最后一张幻灯片

(2)选择第1张幻灯片,在"插入"选项卡"媒体"组中单击"音频"按钮,在打开的下拉列表中选择"PC上的音频"命令。打开"插入音频"对话框,选择"背景音乐.wma"音频文件,然后单击"插入"按钮,如图3-50所示。

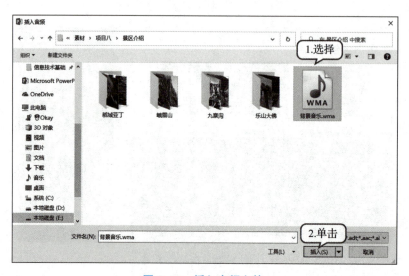

图3-50 插入音频文件

(3)此时,在第1张幻灯片中将显示音频图标,将图标移动至幻灯片左下角。单击"音频工具"→"播放"选项卡"音频选项"组的"开始"下拉按钮,在弹出的下拉列表中选择"自动(A)"选项,勾选"跨幻灯片播放""循环播放,直到停止""放映时

隐藏"复选框，如图 3-51 所示。

图 3-51 设置音频文件

（4）按 Ctrl+S 组合键保存演示文稿，并查看制作完成后的最终效果，如图 3-52 所示（配套资源：\效果\项目三\国家 5A 级旅游景区介绍.pptx）。

图 3-52 最终效果

> 小贴士
>
> 单击选中"跨幻灯片播放"复选框，音频文件将从当前幻灯片一直跨页播放到最后。此外，在幻灯片中除了可以插入音频文件外，还可以在"插入"选项卡"媒体"组中单击"视频"按钮插入视频文件。

知识链接

PowerPoint 的术语

PowerPoint 中有一些该软件特有的术语（表 3-1），对这些术语的掌握可以帮助学习者更好地理解和学习 PowerPoint。

表 3-1　PowerPoint 的术语

术语	意思
演示文稿	一个演示文稿就是一个文档，其默认扩展名为 .pptx。一个演示文稿是由若干张幻灯片组成。制作一个演示文稿的过程就是依次制作每一张幻灯片的过程
幻灯片	视觉形象页，幻灯片是演示文稿的一个个单独的部分。每张幻灯片就是一个单独的屏幕显示。制作一张幻灯片的过程就是在幻灯片中添加和排放每一个被指定对象的过程
对象	是可以在幻灯片中出现的各种元素，可以是文字、图形、表格、图表、音频和视频等
版式	是各种不同占位符在幻灯片中的"布局"。版式包含了要在幻灯片上显示的全部内容的格式设置、位置和占位符
占位符	带有虚线或影线标记边框的框，它是绝大多数幻灯片版式的组成部分。这些框容纳标题和正文，以及图表、表格和图片等
幻灯片母版	指幻灯片的外观设计方案，它存储了有关幻灯片的主题和幻灯片版式的所有信息，包括背景、颜色、字体、效果、占位符大小和位置，也包括为幻灯片特定添加的对象
模板	指一个演示文稿整体上的外观设计方案，它包含每一张幻灯片预定义的文字格式、颜色以及幻灯片背景图案等

任务二　动画设计"绩效管理手册"

任务描述

本任务要求学生通过学习制作"绩效管理手册"，掌握演示文稿的动画效果设置，学习通过应用动画效果控制幻灯片中的文本、声音、图像及其他对象的进入方式和顺序。

知识储备

使用 PowerPoint 提供的超链接功能，改变幻灯片放映的次序，实现交互式的播放，使其具有特殊视觉或声音效果，以便突出重点，控制信息展示的流程，并增加演示文稿的趣味性。

一、自定义动画

在幻灯片播放的时候，需要根据不同的需求设置幻灯片中对象的动画效果，此时可使用"动画"选项卡中的命令进行设置。选中幻灯片中的某一对象（如文本、图片、形状等）时，选择"动画"选项卡，如图 3-53 所示。在此选项卡中有"预览""动画""高级动画""计时"4 个组。

图 3-53 "动画"选项卡

（一）"预览"组

单击"预览"按钮，可预览幻灯片播放时的动画效果。

（二）"动画"组

在"动画"组中可对幻灯片中的对象动画效果进行设置。单击"其他"按钮，可在展开的下拉列表中选择想要的动画效果。

（三）"高级动画"组

单击"高级动画"组中的"添加动画"按钮，在弹出的下拉列表中包括"进入""强调""退出""动作路径"4 种类型的动画效果。

（1）"进入"动画效果用于设置幻灯片放映对象进入界面时的效果。
（2）"强调"动画效果用于演示过程中对需要强调的部分设置的动画效果。
（3）"退出"动画效果用于设置在幻灯片放映对象退出时的动画效果。
（4）"动作路径"动画效果用于指定相关内容放映时动画所通过的运动轨迹。

选择"更多进入效果"命令，弹出"添加进入效果"对话框，如图 3-54 所示，然后选择需要的动画效果，单击"确定"按钮，可添加"添加动画"下拉列表中没有的进入效果。单击"动画窗格"按钮，可在打开的"动画窗格"窗格中对动画效果进行修改、移动和删除等操作。

在对幻灯片中的多个对象添加了动画效果之后，系统会自动添加动画的先后顺序，在各个对象的左上角显示序号按钮，在播放时也会按照序号播放。单击此序号按钮，则选中了该对象的动画效果，并可以对该动画效果进行更改、删除等操作。

（四）"计时"组

"计时"组可更改动画的启动方式，并对动画进行排序和计时操作。动画的启动方式有以下 3 种类型。

（1）单击时。通过单击鼠标开始播放该动画。

（2）与上一动画同时。与前面一个动画一起开始播放。

（3）上一动画之后。在前面一个动画之后开始播放。

图 3-54　"添加进入效果"对话框

（五）删除动画

删除动画有以下两种方法。

（1）选择要删除动画的对象，然后在"动画"选项卡"动画"组中选择"无"动画效果。

（2）在"高级动画"组中单击"动画窗格"按钮，打开"动画窗格"窗格，在列表区域中右击要删除的动画，在弹出的快捷菜单中选择"删除"命令。

（六）设置效果选项

大多数动画选项包含可供选择的相关效果，如在演示动画的同时播放声音，在文本动画中按字母、字/词或分批发送应用效果（使标题每次飞入一个字，而不是一次飞入整个标题）等。

设置动画效果选项的方法：在"动画窗格"窗格中，单击动画列表中的动画项目，再单击该动画项目右侧的下拉按钮，在弹出的下拉列表中选择"效果选项"命令，打开相应的动画效果对话框进行动画效果的设置。图 3-55 所示为"百叶窗"对话框。

选择"计时"选项卡，可以设置动画计时。

（1）延迟。在数值微调框输入该动画与上一动画之间的延时时间。

图 3-55　"百叶窗"对话框

（2）期间。在该下拉列表中选择动画的速度。

（3）重复。在该下拉列表中设置动画的重复次数。

二、设置幻灯片切换效果

在演示文稿播放过程中，幻灯片的切换效果是指两张连续的幻灯片之间的过渡效果，也就是由一张幻灯片转到下一张幻灯片期间要呈现的效果。PowerPoint 默认的换片方式为手动，即单击鼠标完成幻灯片的切换。另外，PowerPoint 也提供了多种切换效果，如细微型、华丽型、动态内容等。在演示文稿制作过程中，可以为一张幻灯片设置切换效果，也可以为一组幻灯片设置相同的切换效果，增加幻灯片放映时的活泼性和趣味性。

（一）在幻灯片浏览视图下添加切换效果

在幻灯片浏览视图下，可以方便地为任何一张、一组或全部幻灯片指定切换效果，以及预览幻灯片切换效果。

在幻灯片浏览视图下，选中一张或若干张幻灯片，选后选择"切换"选项卡，如图 3-56 所示。

图 3-56 "切换"选项卡

（二）选择幻灯片切换选项

在"切换到此幻灯片"组中选择一个幻灯片切换选项即可，如果要查看更多的切换效果，单击"其他"按钮，在弹出的下拉列表中即可看到更多的切换效果，如图 3-57 所示。

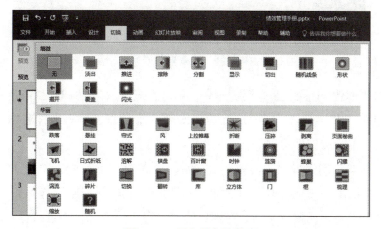

图 3-57 更多的切换效果

(三)设置切换的其他选项

在"计时"组中设置切换的其他选项。

(1) 持续时间。在右侧文本框中输入切换效果的持续时间值。

(2) 添加声音。在"声音"下拉列表中选择换片时的声音效果。

(3) 换片方式。在鼠标单击时,切换下一张幻灯片;设置自动换片时间,在指定的时间之后切换到下一张幻灯片。

(4) 全部应用。单击"全部应用"按钮,切换效果将应用于整个演示文稿。

如果在"设置放映方式"对话框中勾选了"循环放映,按 Esc 键终止"单选按钮,则要设置幻灯片切换的时间间隔(s)。

设置完成后,如果单击"全部应用"按钮,则对演示文稿中的所有幻灯片都增加了所选择的切换效果。

(四)幻灯片导出

幻灯片除了能保存成不同类型的文件外,还可以导出成 PDF 文件或视频。

(1) 单击"文件"选项卡,在"文件"后台视图中选择"导出"命令,打开图 3-58 所示"导出"界面。

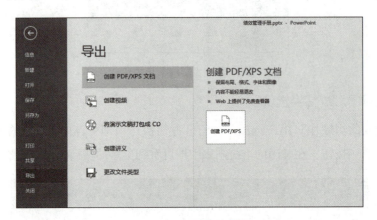

图 3-58 "导出"界面

(2) 选择"创建 PDF/XPS 文档"命令,单击右侧的"创建 PDF/XPS"按钮,弹出"发布为 PDF 或 XPS"对话框。在该对话框中选择发布位置,输入文件名称并选择保存类型后,单击"发布"按钮即可。

(3) 如果选择"创建视频"命令,在右侧"全高清"下拉列表中选择"全高清"或"高清"等文件质量,在"使用录制的计时和旁白"下拉列表中选择是否启用计时和旁白。单击右侧的"创建视频"按钮,在弹出的"另存为"对话框中进行保存即可。

(4) PowerPoint 软件还可以将演示文稿打包。通过打包,可以将演示文稿和它所链接的声音、影片、文件等组合在一起，这样就不用考虑演讲地点是否安装了 PowerPoint 软件，只要有计算机，就可以随时随地播放幻灯片。

选择"将演示文稿打包成 CD"命令。单击右侧的"打包成 CD"按钮，弹出"打包成 CD"对话框。单击"复制到文件夹"按钮，在弹出的"复制到文件夹"对话框中进行打包文件的保存即可。

如果计算机已安装刻盘机，装好光盘，在"打包成 CD"对话框中单击"复制到 CD"按钮，则可以选择将文件刻录到光盘上永久保存。

（5）通过选择"创建讲义"命令可以将演示文稿保存成 Word 文档，如图 3-59 所示。每一张幻灯片都将以图片的形式存在，还可以加上备注。单击右侧的"创建讲义"按钮，在弹出"发送到 Microsoft Word"对话框中选择版式和添加方式后，单击"确定"按钮即可。

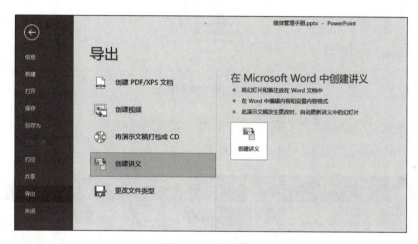

图 3-59　创建讲义

任务实施：制作"绩效管理手册"

一、应用幻灯片主题

幻灯片主题包括了预设的背景、字体格式等。在新建演示文稿时可以应用主题，已经创建好的演示文稿也可应用主题。应用主题后，还可以修改主题中搭配好的颜色、效果及字体等。在制作"绩效管理手册"演示文稿时，可以为演示文稿应用软件自带的主题，并根据需要设置主题的效果，其具体操作如下。

（1）打开"绩效管理手册.pptx"演示文稿，在"设计"选项卡"主题"组的下拉列表中选择"带状"选项，为该演示文稿应用"带状"主题。

（2）在"设计"选项卡"变体"组中单击"其他"按钮▼，在打开的下拉列表中选择"颜色"→"Office 2007-2010"选项，如图3-60所示。

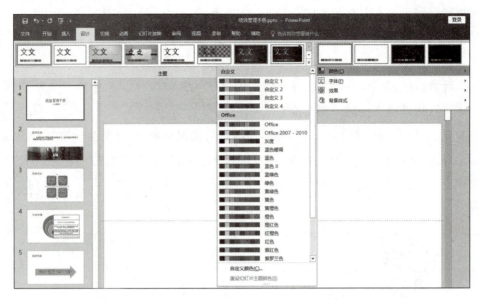

图 3-60　设置主题颜色

（3）在"设计"选项卡"变体"组中单击"其他"按钮▼，在打开的下拉列表中选择"字体"→"Office"选项，如图3-61所示。

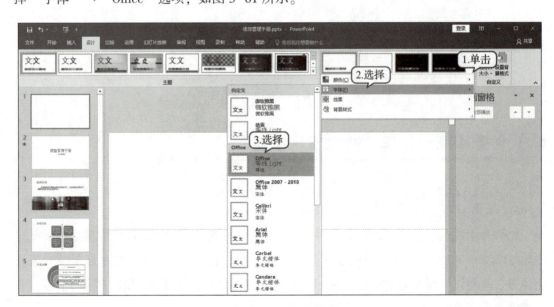

图 3-61　设置主题字体

（4）在"设计"选项卡"变体"组中单击"其他"按钮▼，在打开的下拉列表中选择"效果"→"磨砂玻璃"选项。

二、设置幻灯片背景

幻灯片的背景可以设置为一种颜色,也可以设置为多种颜色,还可以设置为图片。设置幻灯片背景是快速改变幻灯片效果的方法之一。为"绩效管理手册"演示文稿设置幻灯片主题后,还可以为标题幻灯片设置背景,提高演示文稿的美观度,其具体操作如下。

(1)选择标题幻灯片,在幻灯片空白处单击鼠标右键,在弹出的快捷菜单中选择"设置背景格式"命令。

(2)打开"设置背景格式"窗格,在"填充"选项卡的"填充"栏中单击选中"图片或纹理填充"单选按钮,然后在"插入图片来自"栏中单击"文件"按钮,如图3-62所示。

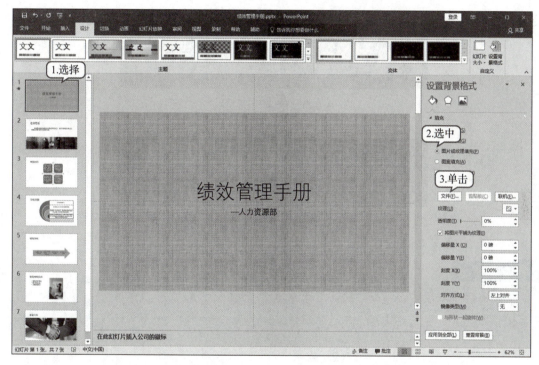

图3-62 单击"文件"按钮

(3)打开"插入图片"对话框,选择"背景.jpg"素材图片,然后单击"插入"按钮,如图3-63所示。

(4)返回"设置背景格式"窗格,单击"关闭"按钮 关闭该任务窗格,效果如图3-64所示。

图 3-63　选择背景图片

图 3-64　设置标题幻灯片背景后的效果

> **小贴士**
>
> 设置幻灯片背景后，在"设置背景格式"窗格左下角单击"应用全部"按钮，可将该背景应用到演示文稿的所有幻灯片中。

三、制作并使用幻灯片母版

在幻灯片的制作过程中，母版的使用频率非常高，在母版中进行的每一项编辑操作都可能影响使用了该版式的所有幻灯片。在制作"绩效管理手册"演示文稿时，可进入幻灯片母版视图，设置标题占位符、正文占位符和页眉与页脚的格式，其具体操作如下。

（1）在"视图"选项卡"母版视图"组中单击"幻灯片母版"按钮，进入幻灯片母版模式。

（2）选择第 1 张幻灯片作为母版（表示在该幻灯片中的编辑将应用于整个演示文

稿),选择"单击此处编辑母版标题样式"标题占位符,在"开始"选项卡"字体"组中设置"字号"为"44",如图3-65所示。

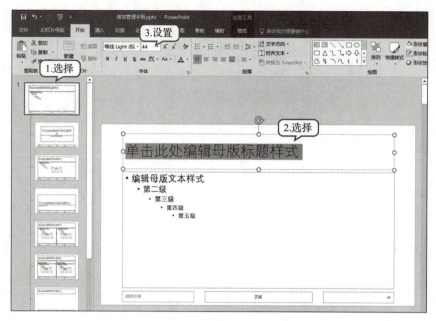

图 3-65　设置标题占位符中文本的格式

(3)选择正文占位符中的"编辑母版文本样式"文本,在"开始"选项卡"字体"组的"字号"下拉列表框中输入"26",如图3-66所示。

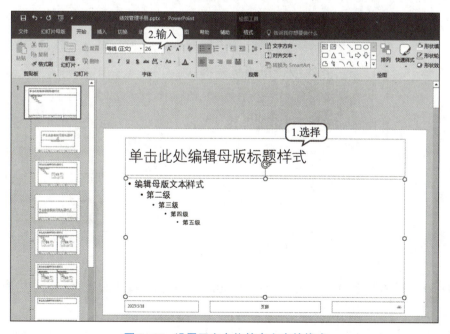

图 3-66　设置正文占位符中文本的格式

（4）将鼠标指针移动到正文占位符下边框中间的控制点上，向上拖曳以减小占位符的高度，如图 3-67 所示。

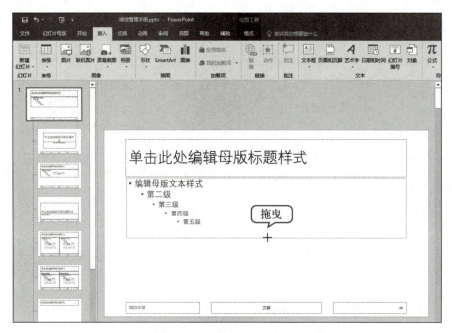

图 3-67　调整正文占位符的大小

（5）在"插入"选项卡"插图"组中单击"形状"按钮，在打开的下拉列表中选择"椭圆"选项，在幻灯片右下角按住 Shift 键绘制一个圆形。设置圆形的形状填充为"白色，背景 1"，形状轮廓为"无轮廓"，并将其置于底层，效果如图 3-68 所示。

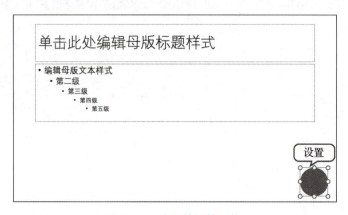

图 3-68　绘制并调整形状

（6）在"插入"选项卡"文本"组中单击"页眉和页脚"按钮，打开"页眉和页脚"对话框。

（7）单击"幻灯片"选项卡，单击选中"日期和时间"复选框，其下方的相关选项将自动激活；再单击选中"自动更新"单选按钮，每张幻灯片下方显示的日期和时间将根据演示文稿每次打开的日期与时间而自动更新。

（8）单击选中"幻灯片编号"复选框，幻灯片将根据自己在演示文稿中的顺序显示编号。

（9）单击选中"页脚"复选框，下方的文本框将自动激活，在其中输入"绩效管理"文本。

（10）单击选中"标题幻灯片中不显示"复选框，使所有的设置都不在标题幻灯片中生效。第（6）~（10）步的操作如图3-69所示。

图3-69 设置页眉和页脚

（11）单击"全部应用"按钮，返回幻灯片母版视图，拖曳鼠标框选幻灯片底部的3个占位符，设置其中文本的字号为"12"。设置右侧的两个占位符中文本的字体颜色为"深蓝，背景2"，并缩小这两个占位符，将它们置于顶层，并移动到绘制的圆形上层，效果如图3-70所示。

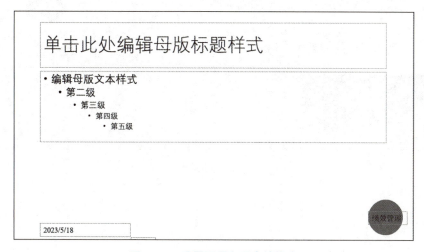

图3-70 设置页眉和页脚的格式

（12）在"幻灯片母版"选项卡"关闭"组中单击"关闭母版视图"按钮，返回普通视图，此时可发现设置的格式已应用于各张幻灯片中。图 3-71 所示为幻灯片修改后的效果。

图 3-71 设置母版后的效果

（13）依次查看每一张幻灯片，适当调整标题、正文和图片等对象之间的距离，调整 SmartArt 图形的颜色，使幻灯片中各对象的显示效果更协调。然后删除最后一张幻灯片中的页脚，效果如图 3-72 所示。

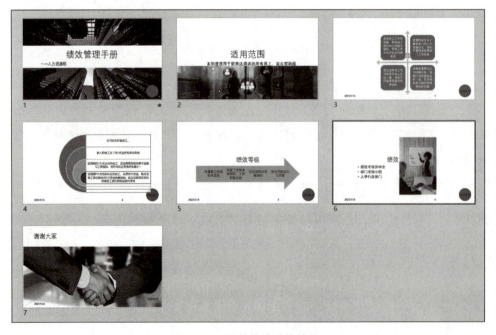

图 3-72 调整格式后的效果

> **小贴士**
>
> 在"视图"选项卡"母版视图"组中单击"讲义母版"按钮▦或"备注母版"按钮▦,将进入讲义母版视图或备注母版视图,在其中可设置讲义页面或备注页面的版式。

四、设置幻灯片切换效果

PowerPoint 2016 提供了多种预设的幻灯片切换效果。在默认情况下,上一张幻灯片和下一张幻灯片之间没有设置切换效果,但在制作"绩效管理手册"演示文稿时,可以为幻灯片添加合适的切换效果,使演示文稿富有动感,便于后续的演示,其具体操作如下。

(1) 在"幻灯片"窗格中按 **Ctrl+A** 组合键选择演示文稿中的所有幻灯片,然后在"切换"选项卡"切换到此幻灯片"组中单击"其他"按钮▼,在打开的下拉列表中选择"切换"选项,如图 3-73 所示。

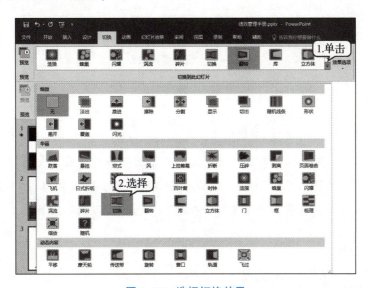

图 3-73 选择切换效果

(2) 在"切换"选项卡"计时"组中的"声音"下拉列表中选择"风铃"选项,单击"应用到全部"按钮▣将声音效果应用到所有幻灯片中,然后在"换片方式"栏下单击选中"单击鼠标时"复选框,如图 3-74 所示。

图 3-74 设置切换效果

> **小贴士**
>
> 在"换片方式"栏下单击选中"单击鼠标时"复选框,则在放映幻灯片时只有单击后才会进行幻灯片的切换操作;单击选中"设置自动换片时间"复选框,并在其右侧的数值框中输入时间值,可使幻灯片自动进行切换操作。设置幻灯片切换效果后,在"切换"→"预览"组中单击"预览"按钮,可预览设置的切换效果。

五、设置幻灯片动画效果

在制作"绩效管理手册"演示文稿时,可以为幻灯片中的各对象设置动画,以提升演示文稿的演示效果。其具体操作如下。

(1) 选择第 1 张幻灯片中的"绩效管理手册"文本,在"动画"选项卡"动画"组中单击"其他"按钮,在打开的下拉列表中选择"浮入"选项。

(2) 选择"人力资源部"文本,在"动画"选项卡"高级动画"组中单击"添加动画"按钮,在打开的下拉列表中选择"更多进入效果"命令。

(3) 打开"添加进入效果"对话框,选择"温和"栏下的"基本缩放"选项,然后单击"确定"按钮,如图3-75所示。

(4) 在"动画"选项卡"动画"组中单击"效果选项"按钮,在打开的下拉列表中选择"轻微放大"选项,修改动画效果,如图3-76所示。

(5) 保持"人力资源部"文本处于选择状态,在"动画"选项卡"高级动画"组中单击"添加动画"按钮,在打开的下拉列表中选择"强调"栏下的"陀螺旋"选项;在"动画"选项卡"动画"组中单击"效果选项"按钮,在打开的下拉列表中选择"逆时针"选项。

图3-75 添加进入效果

图3-76 修改动画效果

> **小贴士**
>
> 重复第(5)步操作,可为"人力资源部"文本再增加一个"陀螺旋"动画效果。用户可根据需要为一个对象设置多个动画效果。为对象设置动画效果后,对象右侧将显示一个数字,该数字表示动画效果的放映顺序。

(6) 在"动画"选项卡"高级动画"组中单击"动画窗格"按钮,打开"动画窗格"窗格,其中显示了当前幻灯片中所有已设置动画效果的对象。

(7) 选择"动画窗格"窗格中的第3个选项,在"动画"选项卡"计时"组的"开始"下拉列表中选择"上一动画之后"选项,在"持续时间"数值微调框中输入"00.30",在"延迟"数值微调框中输入"00.20",如图3-77所示。

图 3-77 设置动画时间

> **小贴士**
>
> "动画"选项卡"计时"组的"开始"下拉列表中的各选项含义如下:"单击时"表示单击时开始播放动画;"与上一动画同时"表示播放前一动画的同时播放该动画;"上一动画之后"表示前一动画播放完之后,到设定的时间再自动播放该动画。

(8) 选择"动画窗格"窗格中的第一个选项,按住鼠标左键将其拖曳到最后,调整该动画的播放顺序。

(9) 在调整顺序后的最后一个选项上单击鼠标右键,在弹出的快捷菜单中选择"效果选项"命令。

(10) 打开"上浮"对话框,在"声音"下拉列表中选择"电压"选项,单击其右侧的"音量"按钮 ,在打开的下拉列表中拖曳滑块,调整音量大小,然后单击"确定"按钮,如图 3-78 所示。

图 3-78 设置动画声音

(11) 保存演示文稿,完成演示文稿的制作。

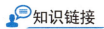知识链接

幻灯片的母版与主题

1. 母版

母版就像现实生活中的模型一样,保存了幻灯片的背景图案、文本格式等格式方案,母版外观的改变将会影响到演示文稿中每张幻灯片的外观,并且以后再插入的幻灯片在格式上都与母版相同,因此,母版常用于统一演示文稿中每张幻灯片的格式,可以通过设计母版来改变所有幻灯片的外观。PowerPoint 2016 提供的母版有幻灯片母版、讲义母版和备注母版。

幻灯片母版:幻灯片母版包含字形、占位符大小和位置、背景设计等信息,目的是方便用户进行全局更改,并快速应用到演示文稿中的所有幻灯片。

讲义母版:讲义母版用来设置讲义的打印格式,添加或修改幻灯片的讲义视图中每页讲义上出现的页眉或页脚信息。应用讲义母版,用户可以将多张幻灯片设置在一页打印。讲义是发给观众的资料,所以其中的内容并不出现在幻灯片中。

备注母版:备注母版用来对幻灯片添加备注或对备注进行格式设置。

2. 主题

主题是指演示文稿的设计风格,包括色彩搭配、设计元素等。通过主题的使用,可以快速统一演示文稿内所有幻灯片的设计风格。PowerPoint 2016 内置了大量主题,在编辑、美化演示文稿时可直接使用。

很多时候,在制作演示文稿之前,应根据文稿内容选择主题样式,不同的主题可以使用的样式也有所不同。若先制作幻灯片再选择主题,则主题中所包含的幻灯片版式也会随之发生变化,这时可以根据实际需要,在"设计"选项卡"变体"组中更改应用选择主题的颜色、字体、效果和背景样式等。

任务三 放映输出环保宣传演示文稿

任务描述

本任务要求学生通过学习放映输出环保宣传演示文稿,掌握演示文稿的放映输出,包括使用超链接、设置放映时间、设置放映方式等。

知识储备

一、使用超链接

超链接是控制演示文稿播放的一种重要手段，可以在播放时实时地以顺序或定位方式自由跳转。用户在制作演示文稿时，预先为幻灯片对象创建超链接，并将链接的目的位置指向其他位置——演示文稿内指定的幻灯片、另一个演示文稿、某个应用程序，甚至是某个网络资源地址等。

超链接本身可能是文本或其他对象，如图片、图形、结构图、艺术字等。使用超链接可以制作具有交互功能的演示文稿。在播放演示文稿时，使用者可以根据自己的需要单击某个超链接，进行相应内容的跳转。

PowerPoint 提供了两种方式的超链接：以下划线表示的超链接和以动作按钮表示的超链接。

（一）插入以下划线表示的超链接

（1）在幻灯片中选中要插入超链接的对象，单击"插入"选项卡"链接"组中的"超链接"按钮，或右击该对象，在弹出的快捷菜单中选择"超链接"命令，打开"插入超链接"对话框，如图 3-79 所示。

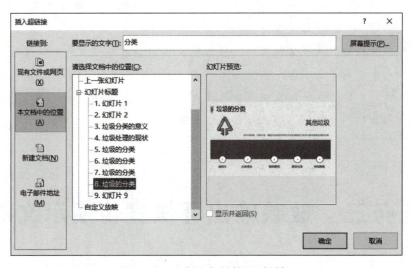

图 3-79 "插入超链接"对话框

（2）在"链接到"列表框中选择要链接的位置，根据选择类型的不同，对话框中右侧的窗格也有所不同。

①现有文件或网页。选择现有文件或输入网址作为超链接的目标。

②本文档中的位置。选择本演示文稿中的某一张幻灯片或自定义放映作为超链接的目标。

③新建文档。创建一个新的演示文稿作为超链接的目标。

④电子邮件地址。输入电子邮件地址作为超链接的目标。

（3）如果需要创建鼠标指针停留在超链接上时显示屏幕提示或简短批注，可以单击"屏幕提示"按钮，在打开的"设置超链接屏幕提示"对话框中输入所需文本。如果没有指定提示，则使用默认提示。

（4）单击"确定"按钮完成超链接的设置。对文本设置超链接以后，文本的下方会出现下划线，并选用配色方案中指定的颜色。

（5）如果需要修改超链接，在设置超链接的文本或对象上右击，在弹出的快捷菜单中选择"编辑超链接"命令。如果需要删除超链接，在设置超链接的文本或对象上右击，在弹出的快捷菜单中选择"取消超链接"命令。

（二）插入以动作按钮表示的超链接

除了可以选择幻灯片的对象来设置超链接外，还可以为幻灯片添加直观方便的动作按钮，操作步骤如下。

（1）选择要放置动作按钮的幻灯片，单击"插入"选项卡"插图"组中的"形状"按钮，在弹出的下拉列表中选择"动作按钮"中的按钮，如图3-80所示。

（2）根据需要选择一个动作按钮（如"后退或前一项""前进或下一项"等），拖曳鼠标在幻灯片适当的位置画出按钮形状，并自动打开"操作设置"对话框，如图3-81所示。

（3）在"操作设置"对话框的"单击鼠标"选项卡中选中"超链接到"单选按钮，并在其下拉列表中选择要跳转的目的幻灯片或文件。

（4）如果需要在跳转时播放声音，可勾选"播放声音"复选框，并在其下拉列表中选择需要的声音效果，然后单击"确定"按钮。

动作按钮还支持以下两种功能：一是为动作按钮添加文本。右击插入的动作按钮，在弹出的快捷菜单中选择"编辑文字"命令，此时，光标位于按钮所在框内，输入按钮文本即可。二是格式化动作按钮的形状。选定要格式化的动作按钮，在"绘图工具""格式"选项卡"形状样式"组中选择一种预设形状。还可以进一步利用"形状样式"组中的"形状填充"按钮、"形状轮廓"按钮和"形状效果"按钮自定义动作按钮的形状。

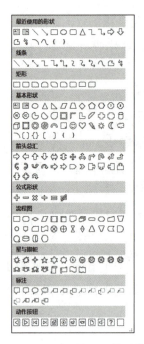

图 3-80 "形状"下拉列表

图 3-81 "操作设置"对话框

二、设置放映时间

设置幻灯片放映时间的方法有两种：手动设置排练时间和排练时记录排练时间。

（一）手动设置排练时间

选择需要设置排练时间的幻灯片，勾选"切换"选项卡"计时"组中的"设置自动换片时间"复选框，再在右侧文本框中输入幻灯片在屏幕上显示的时间。如果希望下一张幻灯片在鼠标单击或时间达到设置的自动换片时间时都会显示（无论哪种情况先发生），可以同时勾选"单击鼠标时的动作"和"设置自动换片时间"两个复选框，并进行相应设置。

（二）排练时记录排练时间

单击"幻灯片放映"选项卡"设置"组中的"排练计时"按钮，激活排练计时。准备播放下一张幻灯片时，单击鼠标进行换页，直至到达幻灯片末尾时，在自动弹出的信息提示框中单击"是"按钮可以接受记录的排练时间，单击"否"按钮可以重新排练。

三、自定义放映

自定义放映可以随意将幻灯片组合成多种不同的自定义放映，并为每一种自定义放映命名。在放映演示文稿时，可以为特定观众选择自定义放映。

（一）创建自定义放映

（1）打开要创建自定义放映的演示文稿，单击"幻灯片放映"选项卡"开始放映幻灯片"组中的"自定义幻灯片放映"按钮，在弹出的下拉列表中选择"自定义放映"命令，在弹出的"自定义放映"对话框中单击"新建"按钮，弹出"定义自定义放映"对话框。

（2）在左侧"在演示文稿中的幻灯片"列表框中，可选择要自定义放映的多张幻灯片，然后单击中间的"添加"按钮，选择的幻灯片即出现在右侧"在自定义放映中的幻灯片"列表框中。

（3）要更改幻灯片的放映顺序，可在"在自定义放映中的幻灯片"列表框中上下移动幻灯片。在"幻灯片放映名称"文本框中输入自定义放映名称，然后单击"确定"按钮。

（二）放映自定义放映

当需要放映自定义幻灯片而不是整个演示文稿时，需要放映自定义放映。

（1）单击"幻灯片放映"选项卡"设置"组中的"设置幻灯片放映"按钮，弹出"设置放映方式"对话框。

（2）在"放映幻灯片"栏中选中"自定义放映"单选按钮，然后在其下拉列表中选择需要放映的自定义放映名称，再单击"确定"按钮即可。另外，在"自定义放映"对话框中，选择一个自定义放映名称，再单击"放映"按钮也可以放映该自定义放映。

四、设置放映方式

单击"幻灯片放映"选项卡"设置"组中的"设置幻灯片放映"按钮，弹出"设置放映方式"对话框，如图3-82所示。

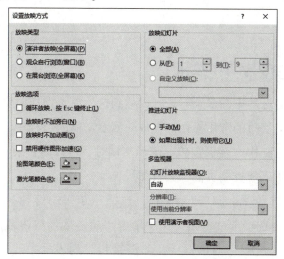

图 3-82　"设置放映方式"对话框

（一）放映类型

在"设置放映方式"对话框中可以选择相应的放映类型。PowerPoint 演示文稿的放映类型有以下 3 种。

（1）演讲者放映（全屏幕）：在全屏显示的方式下放映，这是最常用的幻灯片播放方式，也是系统默认的放映类型。演讲者具有完整的控制权，可以将演示文稿暂停、添加说明细节，还可以在播放中录制旁白。

（2）观众自行浏览（窗口）：在窗口的方式下放映，适用于小规模演示。这种方式提供演示文稿播放时移动、编辑、复制等命令，便于观众自己浏览演示文稿。

（3）在展台浏览（全屏幕）：在全屏显示的方式下循环放映，适用于展览会场或会议。观众可以更换幻灯片或单击超链接对象，但不允许控制放映和编辑幻灯片，只能用幻灯片的放映时间来切换幻灯片，可以按 Esc 键退出放映。在这种放映方式下，必须先为所有幻灯片设置放映时间。

（二）放映选项

（1）循环放映，按 Esc 键终止。可以实现循环放映，按 Esc 键终止。
（2）放映时不加旁白。可以禁止播放录制的声音。
（3）放映时不加动画。可以禁止播放设置的动画效果。

（三）放映幻灯片

选择放映类型后，根据需要再设定幻灯片的播放范围：全部、指定范围或自定义放映。

任务实施

一、创建超链接与动作按钮

超链接用于链接幻灯片中的多个对象，以达到执行单击操作时自动跳转到对应位置的目的，这是放映演示文稿时的常用操作。在放映演示文稿的过程中，还可以通过动作按钮来控制放映的内容。在制作"环保宣传"演示文稿时，可以为目录中的相关内容创建超链接，然后添加动作按钮以便控制页面，其具体操作如下。

（1）打开"环保宣传.pptx"演示文稿，选择第 2 张幻灯片，选择"垃圾分类的意义"文本，在"插入"选项卡"链接"组中单击"超链接"按钮 。

（2）打开"插入超链接"对话框，在"链接到"列表框中选择"本文档中的位置"选项，在"请选择文档中的位置"列表框中选择要链接到的第 3 张幻灯片，单击"确定"

按钮，如图 3-83 所示。

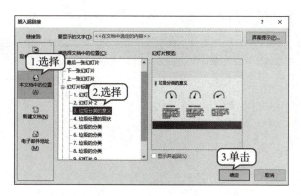

图 3-83 "插入超链接"对话框

（3）返回幻灯片编辑区可看到设置了超链接的文本颜色已发生变化，并且文本下方有一条横线。使用相同方法将"垃圾处理的现状"文本链接到第 4 张幻灯片，将"垃圾的分类"文本链接到第 5 张幻灯片，效果如图 3-84 所示。

图 3-84 设置超链接后的效果

小贴士

为文本设置超链接后，文本下方会默认添加一条横线，若不想显示横线，则可选择文本所在的文本框进行超链接设置。

（4）在"插入"选项卡"插图"组中单击"形状"按钮，在打开的下拉列表框中选择"动作按钮"栏下的"动作按钮：第一张"选项，此时鼠标指针将变为+形状。在幻灯片右下角空白处按住鼠标左键并拖曳鼠标，绘制一个动作按钮，如图3-85所示。

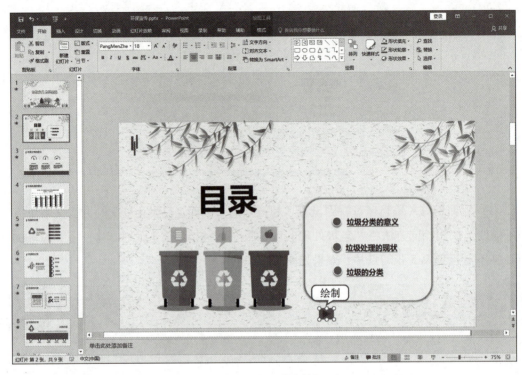

图3-85　绘制动作按钮

（5）绘制好动作按钮后，将自动打开"操作设置"对话框，单击选中"超链接到"单选按钮，在其下拉列表中选择"幻灯片"选项，如图3-86所示。

（6）打开"超链接到幻灯片"对话框，在"幻灯片标题"列表框中选择第2张幻灯片，然后依次单击"确定"按钮，使超链接生效，如图3-87所示。

图3-86　设置链接到的幻灯片

图3-87　选择超链接到的幻灯片

(7)使用相同的方法绘制"动作按钮：后退或前一项"动作按钮和"动作按钮：前进或下一项"动作按钮，并保持"操作设置"对话框中的默认设置。

(8)拖曳鼠标框选3个动作按钮，在"绘图工具"→"格式"选项卡"形状样式"组中设置动作按钮的形状填充为"无填充颜色"，效果如图3-88所示。

图3-88　添加其他动作按钮

? 小贴士

在幻灯片母版中绘制动作按钮，并创建好超链接，该动作按钮将应用到该幻灯片版式对应的所有幻灯片中。

二、放映幻灯片

制作演示文稿的最终目的是将其展示给观众，即放映演示文稿。在放映演示文稿的过程中，放映者需要掌握一些放映的方法，特别是定位到某个具体的幻灯片、返回上次查看的幻灯片、标记幻灯片的重要内容等，其具体操作如下。

(1)在"幻灯片放映"选项卡"开始放映幻灯片"组中单击"从头开始"按钮，进入幻灯片放映视图。

(2)此时演示文稿将从第1张幻灯片开始放映，单击或滚动鼠标滚轮可依次放映下一个动画效果或下一张幻灯片。

(3)将鼠标指针移动到"垃圾分类的意义"文本上，鼠标指针将变为形状，单击可切换到超链接到的目标幻灯片，如图3-89所示。

（4）使用步骤（2）中的方法可继续放映幻灯片。在幻灯片上单击鼠标右键，在弹出的快捷菜单中选择"上次查看的位置"命令，如图 3-90 所示。

图 3-89　单击超链接

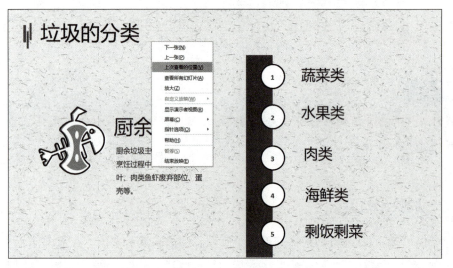

图 3-90　选择"上次查看的位置"命令

> **? 小贴士**
>
> 单击"从当前幻灯片开始"按钮 或在状态栏中单击"幻灯片放映"按钮 ，可从当前幻灯片开始放映。播放过程中，在幻灯片上单击鼠标右键，在弹出的快捷菜单中选择相应的命令可快速定位到上一张、下一张或具体某张幻灯片。

(5)返回上一次查看的幻灯片,然后依次放映幻灯片,当放映到第 8 张幻灯片时,单击鼠标右键,在弹出的快捷菜单中选择"指针选项"→"荧光笔"命令,然后再次单击鼠标右键,在弹出的快捷菜单中选择"指针选项"→"墨迹颜色"→"黄色"命令,如图 3-91 所示。

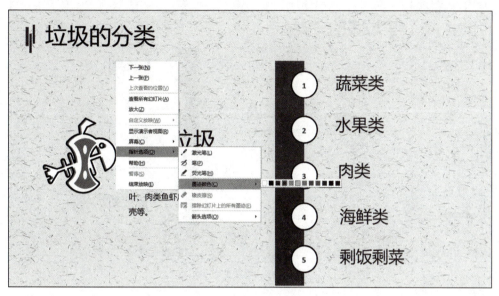

图 3-91 选择标记使用的颜色

(6)此时鼠标指针变为 I 形状,按住鼠标左键并拖曳鼠标,标记出重要的内容。放映完最后一张幻灯片后,单击,将打开一个黑色页面,提示"放映结束,单击鼠标退出。",单击即可退出。

(7)由于前面在幻灯片中标记了内容,退出时将打开提示对话框,询问是否保留墨迹注释,单击"放弃"按钮,放弃保留添加的标记,如图 3-92 所示。

图 3-92 选择是否保留墨迹注释

三、隐藏幻灯片

放映幻灯片时,系统将自动按设置的放映方式依次放映每张幻灯片,但在实际放映"环保宣传"演示文稿的过程中,可以暂时隐藏不需要放映的幻灯片,等到需要时再将其显示出来,其具体操作如下。

(1)在"幻灯片"窗格中选择第 6 张幻灯片,在"幻灯片放映"选项卡"设置"组中单击"隐藏幻灯片"按钮,隐藏该幻灯片,如图 3-93 所示。

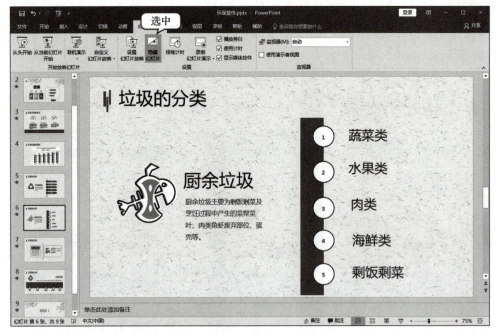

图 3-93　隐藏幻灯片

> **小贴士**
>
> 　　放映幻灯片时,单击鼠标右键,在弹出的快捷菜单中选择"查看所有幻灯片"命令,再在弹出的界面中选择已隐藏的幻灯片,可显示已隐藏的幻灯片。如果要取消隐藏幻灯片,可再次单击"隐藏幻灯片"按钮。

　　(2)隐藏了第 6 张幻灯片后,第 6 张幻灯片左上角将出现标记。在"幻灯片放映"选项卡"开始放映幻灯片"组中单击"从头开始"按钮,隐藏的幻灯片将不再被放映出来。

四、排练计时

　　若需要自动放映"环保宣传"演示文稿,可以进行排练计时设置,使演示文稿根据排练的时间和顺序放映,而不需要人为操作。下面为"环保宣传"演示文稿设置排练计时,其具体操作如下。

　　(1)在"幻灯片放映"选项卡"设置"组中单击"排练计时"按钮,进入放映排练状态,同时打开"录制"工具栏,如图 3-94 所示。

　　(2)单击或按 Enter 键控制幻灯片中下一个动画出现的时间,如果用户明确该幻灯片的放映时间,则可直接在"录制"工具栏的时间框中输入时间值。

（3）一张幻灯片播放完毕后，单击可切换到下一张幻灯片，"录制"工具栏将重新开始为下一张幻灯片的放映计时。

（4）放映结束后，将打开提示对话框，询问是否保留新的幻灯片计时，单击"是"按钮保存，如图 3-95 所示。

图 3-94　"录制"工具栏　　　　图 3-95　是否保留新的幻灯片计时

（5）切换到幻灯片浏览视图模式，每张幻灯片的右下角将显示其放映时间，如图 3-96 所示。

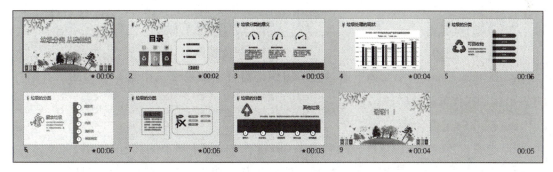

图 3-96　显示放映时间

小贴士

如果不想根据排练好的时间自动放映幻灯片，可在"幻灯片放映"选项卡"设置"组中取消选中"使用计时"复选框，以便在放映幻灯片时进行手动切换。

思考练习

一、选择题

1. 王洋在制作公司产品介绍的 PowerPoint 演示文稿时，希望每类产品可以通过不同的演示主题进行展示，最优的操作方法是(　　)。

　　A. 为每类产品分别制作演示文稿，每份演示文稿均应用不同的主题

　　B. 为每类产品分别制作演示文稿，每份演示文稿均应用不同的主题，然后将这些演示文稿合并

C. 在演示文稿中选中每类产品所包含的所有幻灯片，分别为其应用不同的主题

D. 通过 PowerPoint 中"主题分布"功能，直接应用不同的主题

2. 在 PowerPoint 演示文稿中通过分节组织幻灯片，如果要求一节内的所有幻灯片切换方式一致，最优的操作方法是(　　)。

    A. 分别选中该节的每一张幻灯片，逐个设置其切换方式

    B. 选中该节的一张幻灯片，然后按住 Ctrl 键，逐个选中该节的其他幻灯片，再设置切换方式

    C. 选中该节的第一张幻灯片，然后按住 Shift 键，单击该节的最后一张幻灯片，再设置切换方式

    D. 单击节标题，再设置切换方式

3. 可以在 PowerPoint 同一窗口显示多张幻灯片，并在幻灯片下方显示编号的视图是(　　)。

    A. 普通视图　　　　　　　　　　B. 幻灯片浏览视图

    C. 备注页视图　　　　　　　　　D. 阅读视图

4. 在 PowerPoint 演示文稿中通过分节组织幻灯片，如果要选中某一节内的所有幻灯片，最优的操作方法是(　　)。

    A. 按 Ctrl+A 组合键

    B. 选中该节的一张幻灯片，然后按住 Ctrl 键，逐个选中该节的其他幻灯片

    C. 选中该节的第一张幻灯片，然后按住 Shift 键，单击该节的最后一张幻灯片

    D. 单击节标题

5. 如需在 PowerPoint 演示文档的一张幻灯片后增加一张新幻灯片，最优的操作方法是(　　)。

    A. 在"文件"后台视图中选择"新建"命令

    B. 执行"插入"选项卡中的"插入幻灯片"命令

    C. 执行"视图"选项卡中的"新建窗口"命令

    D. 在普通视图左侧的幻灯片缩略图中按 Enter 键

二、填空题

1. PowerPoint 2016 主要有 5 种视图方式，即普通视图、_____、幻灯片浏览视图、备注页视图和_____。

2. 幻灯片除了能保存成不同类型的文件外，还可以导出成_____或视频。

3. 超链接本身可能是文本或其他对象，如_____、_____、结构图、艺术字等。

三、简答题

1. 什么是幻灯片母版？

2. PowerPoint 演示文稿的放映类型有哪几种？各自特点是什么？

四、操作题

按下列要求完成演示文稿的建立。

（1）以"成年礼"为主题建立一套幻灯片的演示文稿文档。把第 4 张幻灯片向前移动，作为演示文稿的第 2 张幻灯片，并改为"比较"版式，在首页幻灯片标题处输入文字"成年礼"，字体设置成宋体、加粗、倾斜、44 磅。将最后一张幻灯片的版式更换为"标题和竖排文本"。

（2）用"平面"演示文稿设计主题修饰整个演示文稿；全部幻灯片切换效果设置为"淡出"；首页幻灯片的标题文本动画设置为"浮入"。

（3）隐藏第 4 张幻灯片。

参考答案

一、选择题

1. C　2. D　3. B　4. D　5. D

二、填空题

1. 大纲视图、阅读视图

2. PDF 文件

3. 图片、图形

三、简答题

略

四、操作题

略

项目四 信息检索

项目概述

信息检索是人们进行信息查询和获取信息的主要方式，是查找信息的方法和手段。掌握信息的高效检索方法，是现代信息社会对高素质技术技能人才的基本要求，信息时代的每一个人都应该具有信息检索的能力。本项目将系统地学习信息检索基础知识、搜索引擎使用技巧和专用平台信息检索等内容。

学习目标

知识目标

1. 理解信息检索的基本概念，熟悉信息检索的基本流程。
2. 掌握布尔逻辑检索、截词检索、位置检索、限制检索与字段检索等检索技巧。

能力目标

1. 能使用常用搜索引擎进行自定义搜索。
2. 能通过网页、社交媒体等不同信息平台进行信息检索。
3. 能通过有关专用平台检索期刊、论文、专利、商标等信息。

素质目标

1. 能主动地寻求恰当的方式捕获、提取和分析信息，并能对信息进行加工和处理。
2. 自觉地充分利用信息解决生活、学习和工作中的实际问题。

任务一　信息检索基础知识

任务描述

本任务要求学生了解信息检索的定义、基本原理,理解信息检索的要素与类型,熟悉信息检索的基本流程和基本技巧。

知识储备

一、信息检索的定义与原理

(一)信息检索的定义

信息检索(Information Retrieval)是用户进行信息查询和获取的主要方式,是查找信息的方法和手段。信息检索有广义和狭义之分。

广义的信息检索是信息按一定的方式进行加工、整理、组织并存储起来,再根据用户特定的需要将相关信息准确地查找出来的过程,因此,也称为信息的存储与检索。

狭义的信息检索仅指信息查询,即用户根据需要,采用某种方法或借助检索工具,从信息集合中找出所需要的信息。

(二)信息检索的基本原理

信息检索的基本原理是:通过对大量的分散、无序的信息(包括文档、图片、音频、视频等)进行收集、加工、组织、存储,建立各种各样的检索系统,并通过一定的方法和手段使存储与检索这两个过程所采用的特征标识达到一致,以便有效地获得和利用信息源。其中,存储是检索的基础,检索是存储的目的。

为了实现信息检索,需要将这些原始信息进行计算机格式、编码的转换,并将其存储在数据库中,否则无法进行机器识别。待用户根据查询意图输入查询请求后,检索系统根据用户的查询请求在数据库中搜索与查询相关的信息,通过一定的匹配机制计算出信息的相似度大小,并按相似度从大到小的顺序将信息转换输出。

二、信息检索的要素与类型

（一）信息检索的要素

1. 信息意识

信息意识是信息检索的前提，是人们利用信息系统获取所需信息的内在动因。信息意识具体表现为对信息的敏感性、选择能力和消化吸收能力，以及判断该信息是否能为自己或某一团体所利用，是否能解决学习、生活、工作中某一特定问题的能力。

2. 信息源

信息源是信息检索的基础，是个人为满足其信息需要而获得信息的来源。

3. 信息获取能力

信息获取能力是信息检索的核心，它是信息检索者使用检索工具来了解各种信息来源的熟练程度。

4. 信息利用

信息利用是信息检索的关键，获取学术信息的最终目的是通过对所得信息的整理、分析、归纳和总结，根据自己学习、研究过程中的思路进行思考，将各种信息进行重组，创造出新的知识和信息，从而达到信息激活和增值的目的。

（二）信息检索的类型

1. 按存储与检索对象进行划分

（1）文献检索。文献检索是指根据学习和工作的需要获取文献的过程。

（2）数据检索。数据检索即把数据库中存储的数据根据用户的需求提取出来。

（3）事实检索。事实检索是指检索档案中涉及的某项事实。广义的事实检索既包括数值数据的检索、算术运算、比较和数学推导，也包括非数值数据（如事实、概念、思想、知识等）的检索、比较、演绎和逻辑推理。

以上三种信息检索类型的主要区别在于：数据检索和事实检索是要检索出包含在文献中的信息本身，而文献检索则是要检索出包含所需信息的文献。

2. 按存储与查找的技术进行划分

（1）手工检索。手工检索是传统的检索方法，即以手工翻检的方式，利用印刷型检索工具（如图书、期刊、年鉴、百科全书等）来检索信息的一种检索手段。

手工检索不需要特殊的设备，用户根据所检索的对象，利用相关的检索工具就可进行。手工检索的方法比较简单、灵活，容易掌握。但是，手工检索费时、费力，特别是进行专题检索和回溯性检索时，需要翻检大量的检索工具反复查询，花费大量的人力和时间，而且很容易造成误检和漏检。

（2）计算机检索。计算机检索是以计算机技术为手段，通过单机或联机等现代检索途径进行文献检索的方法。计算机检索从单机检索迅速发展到了联网检索。

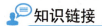知识链接

在掌握信息检索方法之前，需要了解以下几个常用术语。

1. Web 站点

万维网（World Wide Web，WWW）是由许多 Web 站点（网站）组成的，每个 Web 站点其实就是一组精心设计的 Web 页面，这些页面都围绕同一个主题，有机地连接在一起，形成一个整体。

2. Web 页面或网页

网页是构成网站的基本元素，是承载各种网站应用的平台。如果将 WWW 看成 Internet 上的大型图书馆，则每个 Web 站点就是一本书，每个 Web 页面就是其中的一张书页，是网络文件的组成部分。

3. 主页（Homepage）

主页（或首页）是 Web 站点的起始页，可从主页开始对网站进行浏览。

4. URL

统一资源定位器（Uniform Resource Locator，URL）就是信息资源在网上的地址，用来定位和检索 WWW 上的文档。URL 包括所使用的传输协议、服务器名称和完整的文件路径名。如在浏览器中输入 URL 为"https://www.hniu.cn/xygk/xyjj.htm"，就是使用超文本传输安全协议（HTTPS）服务器，从域名 hniu.cn 的 WWW 服务器中寻找 xygk 目录下的 xyjj.htm 超文本文件。

5. 域名

按照 DNS 的规定，入网的计算机都采用层次结构的域名，其从左到右分别为

主机名 . 三级域名 . 二级域名 . 顶级域名

主机名 . 机构名 . 网络名 . 顶级域名

域名一般为英文字母、汉语拼音、数字或其他字符。各级域名之间用"."分隔，从右到左各部分之间是上层对下层的包含关系。例如，湖南信息职业技术学院的域名是 www.hniu.cn，cn 是第一级域名，代表中国的计算机网络，hniu 是主机名，采用的是湖南信息职业技术学院的英文缩写。

在国际上，第一级域名采用通用的标准代码，分为组织机构和地址模式两类。一般使用主机所在的国家和地区名称作为第一级域名，如 cn（中国）、jp（日本）、kr（韩国）、uk（英国）等。我国的第一级域名是 cn，第二级域名分为类别域名和地区域名，其中地区域名有 bj（北京）、sh（上海）、cs（长沙）等。常见的类别域名见表 4-1。

表 4-1　常见的类别域名

域名缩写	组织/机构类型	域名缩写	组织/机构类型
com	商业机构	edu	教育机构
gov	政府机构	mil	军事机构
net	网络服务提供组织	org	非营利性组织
int	国际性机构		

三、信息检索的基本流程

要在庞大冗杂的数据中找出需要的信息，需要掌握一定的信息检索策略，先要了解信息检索的基本流程。信息检索的流程包括分析信息需求、选择检索工具、提炼检索词、构造检索式、调整检索策略、输出检索结果，如图 4-1 所示。

图 4-1　信息检索的流程

（一）分析信息需求

分析信息需求即明确检索的目的及要求，罗列出确定的搜索关键词及其涉及的相关学科、语种及时间范围、查询方式及相关的资源性质等。

（二）选择检索工具

选择检索工具应以检索问题的方向为依据，如检索学术信息要优先选用相应的专门数据库，检索一般信息可选择搜索引擎。中文学术检索系统有中国知网、万方数据知识服务平台、维普网等。百科知识检索系统有百度百科、维基百科等。国内常用搜索引擎有百度、搜狗、360 搜索等。在选择检索工具时，要考虑检索工具的专业性、权威性及检索工具收录范围，要了解各种检索工具的系统功能及检索方法。

（三）提炼检索词

检索词是指在检索时输入的字、词或短语等，用于搜索出包含它的相关记录。提炼出

最具有指向性和代表性的检索词,能够显著提升检索效率。确定检索词时,要选择常用的专业术语,尽量少使用生僻词,也要避免选择影响检索效率的高频词,同时要尽可能全面列出同义词、近义词甚至上下位词,以提高检索的查全率。

(四)构造检索式

检索式即检索策略的逻辑表达方式,也称检索提问表达式,由检索词及关系算符构成,单个检索词也可构成检索式。为了提高检索效率及查全率,在构造检索式时,要合理利用检索工具所支持的检索运算,将检索词连接成一个检索式。

(五)调整检索策略

构造出检索式后,在实施检索的过程中,检索式的构造问题可能导致检索结果达不到预期,或者检索出的结果太少不满足要求,或者检索出的结果太多且包含太多不相干的信息,查全率与查准率得不到保障,此时应该调整检索策略,通过扩大检索范围或缩小检索范围的方式达到检索的目的。

(六)输出检索结果

检索结果的输出方式包括显示、打印、复制及存盘等。输出形式包括全文、目录或自定义形式等,以及选择性输出。

四、常用信息检索技术

计算机信息检索的基本检索技术主要有以下几种。

(一)布尔逻辑检索

布尔逻辑检索是一种比较成熟、较为流行的检索技术,其基础是逻辑运算。常用的逻辑运算有逻辑与(AND)、逻辑或(OR)和逻辑非(NOT)3种。

1. 逻辑与

逻辑与用"AND"或"*"表示,可用来表示其所连接的两个检索项的交叉部分,也即交集部分。如果用 AND(或*)连接检索词 A 和检索词 B,则检索式为:A AND B(或 A*B),表示让系统检索同时包含检索词 A 和检索词 B 的信息集合。

2. 逻辑或

逻辑或用"OR"或"+"表示,用于连接并列关系的检索词。用 OR(或+)连接检索词 A 和检索词 B,则检索式为:A OR B(或 A+B),表示让系统查找含有检索词 A、B 之一,或同时包括检索词 A 和检索词 B 的信息。

3. 逻辑非

用"NOT"或"-"号表示。用于连接排除关系的检索词,即排除不需要的和影响检索结果的概念。用 NOT（或-）连接检索词 A 和检索词 B，检索式为：A NOT B（或 A-B），表示检索含有检索词 A 而不含检索词 B 的信息，即将包含检索词 B 的信息集合排除掉。

下面以"图书馆"和"文献检索"两个检索词来解释 3 种逻辑运算符的具体含义。

"图书馆" AND "文献检索"，表示同时含有这两个检索词的文献才被命中。

"图书馆" OR "文献检索"，表示含有一个检索词或同时含有这两个检索词的文献都将被命中。

"图书馆" NOT "文献检索"，表示含有"图书馆"但不含有"文献检索"的文献才被命中。

（二）位置检索

文献记录中词语的相对次序或位置不同，所表达的意思可能不同。同样，一个检索表达式中词语的相对次序不同，其表达的检索意图也不一样。

位置检索有时也称为临近检索，是指用一些特定的位置算符来表达检索词与检索词之间的顺序和词间距的检索。位置算符主要有（W）算符、（nW）算符、（N）算符、（nN）算符、（F）算符以及（S）算符。

1.（W）算符

此算符表示其两侧的检索词必须紧密相连，除空格和标点符号外，不得插入其他词或字母，两词的词序不可以颠倒。

2.（nW）算符

此算符表示其两侧的检索词必须按此前后邻接的顺序排列，顺序不可颠倒，而且检索词之间最多有 n 个其他词。

3.（N）算符

此算符表示其两侧的检索词必须紧密相连，除空格和标点符号外，不得插入其他词或字母，两词的词序可以颠倒。

4.（nN）算符

此算符表示允许两词间插入最多 n 个其他词，包括实词和系统禁用词。

5.（F）算符

此算符表示其两侧的检索词必须在同一字段中出现，词序不限，中间可插入任意检索词项。

6.（S）算符

此算符表示在此运算符两侧的检索词只要出现在记录的同一个子字段内，此信息即被命中。此算符要求被连接的检索词必须同时出现在记录的同一子字段中，不限制它们在此子字段中的相对次序，中间插入词的数量也不限。

(三) 截词检索

截词检索是预防漏检、提高查全率的一种常用检索技术，其含义是用截断的词的一个局部进行检索，并认为凡是满足这个词局部中的所有字符的文献，都为命中的文献。

截词分为有限截词和无限截词。按截断的位置来分，截词可有后截断、前截断、中截断3种类型。不同的系统所用的截词符也不同，常用的有"？""$"和"＊"等。在此将"？"表示截断一个字符，"＊"表示截断多个字符。

（1）前截断表示后方一致。例如，输入"＊ware"，可以检索出 software、hardware 等所有以 ware 结尾的单词及其构成的短语。

（2）后截词表示前方一致。例如，输入"recon＊"，可以检索出 reconnoiter、reconvene 等所有以 recon 开头的单词及其构成的短语。

（3）中截词表示词两边一致，截去中间部分。例如，输入"wom？n"，则可检索出 women、woman 等词语。

(四) 字段限制检索

字段限制检索是计算机检索时，将检索范围限定在数据库特定的字段中。常用的检索字段主要有标题、摘要、关键词、作者、作者单位及参考文献等。

字段限定检索的操作形式有两种：一种是在字段下拉菜单中选择字段后输入检索词，另一种是直接输入字段名称和检索词。

任务二　搜索引擎使用技巧

任务描述

本任务要求学生了解引擎的定义、发展和分类，熟悉国内外常用的搜索引擎。

知识储备

一、搜索引擎概述

(一) 搜索引擎的定义

所谓搜索引擎，就是根据用户需求与一定算法，运用特定策略从互联网检索出用户要求的信息，在对信息进行组织和处理后，反馈给用户的一门检索技术。搜索引擎依托于多种技术,如网络爬虫技术、检索排序技术、大数据处理技术、自然语言处理技术等。

(二)搜索引擎的发展

1990年以前,没有任何人能在互联网上进行搜索。现代搜索引擎的祖先,是1990年发明的Archie。当时万维网还未出现。Archie是一个可搜索的文件传送协议(File Transfer Protocol,FTP)文件名列表,用户必须输入精确的文件名,然后Archie会告诉用户哪一个FTP地址可以下载该文件。

1993年,世界上第一个Spider程序——World Wide Web Wanderer出现,用于追踪互联网发展规模。刚开始它只用来统计互联网上的服务器数量,后来则发展为也能够捕获网址。Spider程序指的是搜索引擎的Robot程序,因为它像蜘蛛(spider)一样在网络间爬来爬去。

1994年,美籍华人杨致远与合伙人创立了Yahoo,它是一个可搜索的目录。

1994年,第一个支持搜索文件全部文字的全文搜索引擎WebCrawler出现。

1995年,出现了元搜索引擎(Meta Search Engine)。

1998年,美国斯坦福大学的博士生拉里·佩奇(Larry Page)设计的Google搜索引擎发布。

2001年,前Infoseek公司工程师李彦宏与合伙人发布百度(Baidu)搜索引擎。

(三)搜索引擎的分类

搜索引擎按其工作方式,可以分为三类:全文搜索引擎(Full Text Search Engine)、目录索引类搜索引擎(Search Index/Directory)和元搜索引擎。

1. 全文搜索引擎

全文搜索引擎是真正的搜索引擎,国外具有代表性的全文搜索引擎有Google、AltaVista等,国内著名的全文搜索引擎有百度。它们都是通过从互联网上提取的各个网站的信息(以网页文字为主)而建立的数据库中,检索与用户查询条件匹配的相关记录,然后按一定的排列顺序将结果返回给用户。

2. 目录索引类搜索引擎

目录索引虽然有搜索功能,但在严格意义上算不上是真正的搜索引擎,仅仅是按目录分类的网站链接列表而已。用户完全可以不用进行关键词(keywords)查询,仅靠分类目录也可找到需要的信息。目录索引中最具代表性的是早期的雅虎、早期的搜狐、新浪、网易等。目前搜索引擎都已转向全文搜索引擎。

3. 元搜索引擎

用户只需提交一次搜索请求,由元搜索引擎负责转换处理后提交给多个预先选定的独立搜索引擎,并将从各独立搜索引擎返回的所有查询结果集中起来处理后再返回给用户。典型的元搜索引擎有360搜索。

二、常用搜索引擎简介

（一）百度搜索

百度搜索是全球领先的中文搜索引擎，2000年1月由李彦宏、徐勇两人创立于北京中关村，致力于向人们提供"简单，可依赖"的信息获取方式。"百度"二字源于中国宋朝词人辛弃疾的《青玉案》词句"众里寻他千百度"，象征着百度对中文信息检索技术的执着追求。2017年11月，百度搜索推出惊雷算法，严厉打击通过刷点击提升网站搜索排序的作弊行为，以此保证搜索用户体验，促进搜索内容生态良性发展。

使用百度搜索内容是有一定技巧的，下面介绍一些百度搜索的使用技巧。

1. 百度搜索一般方法

在搜索框输入搜索关键词后，会出现"搜索工具"，如图4-2所示。

图4-2 百度"搜索工具"

单击"搜索工具"，展开搜索工具，如图4-3所示。

图4-3 展开搜索工具

其实这也就是进行高级搜索。当然，也可以直接进行高级搜索，方法是：单击百度首页右上角的"设置"，选择"搜索设置"，出现图4-4所示的百度搜索设置界面。

图4-4 百度搜索设置界面

单击"高级搜索"选项卡，就进入了百度高级搜索设置界面，如图 4-5 所示。

图 4-5　百度高级搜索设置界面

2. 百度搜索高级搜索方法

（1）精确匹配（""）。如果输入的查询词很长，百度在经过分析后，给出的搜索结果中的查询词可能是拆分的。给查询词加上双引号（英文），就可以达到不拆分的效果。

（2）消除无关性（-）。相当于逻辑非的操作，用于排除无关信息，有利于缩小查询范围。百度支持"-"功能，用于有目的地删除某些无关网页，语法是"A-B"。如：要搜寻关于"花城广场"但不含"广州"的资料，可使用"花城广场 -广州"。注意，前一个关键词和减号之间必须有空格，否则，减号会被当成连字符处理，而失去减号语法功能。减号和后一个关键词之间有无空格均可。

（3）并行搜索（|）。相当于逻辑或的操作，使用"A | B"来搜索包含关键词 A 或者包含关键词 B 的网页。使用同义词作关键词并在各关键词中使用"|"运算符可提高检索的全面性，如"计算机 | 电脑"。

（4）把搜索范围限定在网页标题中（intitle:）。网页标题通常是对网页内容的归纳。把查询内容范围限定在网页标题中，就会得到和输入的关键字匹配度更高的检索结果。方法是在搜索关键字前加"intitle:"，如"intitle:电子商务"。注意，"intitle:"和后面的关键词之间不要有空格。

（5）把搜索范围限定在特定站点中（site:）。有时候，如果知道某个站点中有自己需要找的东西，就可以把搜索范围限定在这个站点中，能提高查询效率。使用的方式是在查询内容的后面加上"site:站点域名"，如"site:sina.com.cn"。注意，"site:"后面跟的站点域名不要带"http://"；另外，"site:"和站点名之间不要带空格。

（6）把搜索范围限定在 URL 链接中（inurl:）。网页 URL 中的某些信息常常有某种有价值的含义，如果对搜索结果的 URL 做某种限定，就可以获得良好的效果。实现的方式是在"inurl："前面或后面写上需要 URL 中出现的关键词，如"电子商务 inurl：sina.com.cn"可以查找关于新浪网中的电子商务网页。上面这个查询串中的"电子商务"可以出现在网页的任何位置，而"sina.com.cn"则必须出现在网页 URL 中。注意，"inurl："和后面所跟的关键词之间不要有空格。

（7）特定格式的文档检索（filetype：）。百度以"filetype："来对搜索对象做限制，冒号后是文档格式，如 pdf、doc、xls 等。通过添加"filetype："可以更方便、有效地找到特定的信息，尤其是学术领域的一些信息，如"电子商务 filetype：PDF"。

（8）精确匹配（《》）。书名号是百度独有的一个特殊查询语法。在其他搜索引擎中，书名号会被忽略，而在百度，中文书名号是可被查询的。加上书名号的查询词，有两个特殊功能：一是书名号会出现在搜索结果中，二是书名号之间的内容不会被拆分。请对比查"《电子商务》"与"电子商务"的区别。

（9）百度快照。百度快照功能在百度的服务器上保存了绝大多数网站的大部分页面，当不能链接所需网站时，百度暂存的网页可用来救急。而且通过百度快照寻找资料要比常规链接的速度快得多。因为百度快照的服务稳定，下载速度极快，不会再受死链接或网络堵塞的影响。在快照中，用户搜索使用的关键词均已用不同颜色在网页中标明，一目了然。单击快照中的关键词，还可以直接跳转到它在文中首次出现的位置，使浏览网页更方便。

（二）搜狗搜索

搜狗搜索引擎是搜狐公司打造的第三代互动式搜索引擎。搜狗搜索引擎可以使网站用户不离开网站就进行搜索，用户能借助智能的搜狗搜索引擎找到他们真正需要的信息，这既方便用户使用，提升用户体验，又提高网站的用户黏性。

（三）神马搜索

神马搜索是 UC（优视）和阿里巴巴合作推出的移动搜索引擎。神马搜索的创新方向如下。

（1）传统计算机搜索的方式是用户输入一个文本关键词，最后得到文本搜索结果。神马搜索关注输入的移动特性，比如语音输入、拍照输入、点击输入的方式。

（2）传统搜索结果追求的是"全"，在此基础上用文本链的方式，也就是搜索的目录列表这种方式呈现搜索结果。神马搜索关注搜索结果的"准"，也就是搜索结果的高质量。

（3）传统搜索的相关性是基于文本关键词的，神马搜索关注从"一致性搜索"逐渐向"个性化搜索"的过渡，会按照用户的特点展现不同的搜索结果。

(四) 360 搜索

360 搜索属于元搜索引擎。通过一个统一的用户界面帮助用户在多个搜索引擎中选择和利用合适的（甚至是同时利用若干个）搜索引擎来实现检索操作，是对分布于网络的多种检索工具的全局控制机制。而 360 搜索+属于全文搜索引擎，是奇虎 360 公司开发的基于机器学习技术的第三代搜索引擎，具备"自学习、自进化"能力，可以发现用户最需要的搜索结果。

(五) 必应搜索

微软必应（Microsoft Bing），原名必应（Bing），是微软公司于 2009 年推出，用于取代 Live Search 的全新搜索引擎服务。在 Windows Phone 操作系统中，微软也深度整合了必应搜索，通过触摸搜索键引出。必应搜索改变了传统搜索引擎首页单调的风格，通过将来自世界各地的高质量图片设置为首页背景，并加上与图片紧密相关的热点搜索提示，使用户在访问必应搜索的同时获得愉悦体验和丰富资讯。

知识链接

社交媒体信息检索

传统的社会大众媒体有报纸、广播、电视、电影等。新兴的社交媒体大多在网络上出现，用户能够自由选择或编辑内容，能够形成某种社群，如社交网站、微博、微信、博客、论坛、播客等。与传统的社会大众媒体比，新社交媒体具有更先进和多元的服务与功能，便宜甚至免费，已被当代年轻人广泛使用。

1. 网络百科

网络百科类似于传统的百科全书，其以词条的形式来收集并整理海量高质量的知识。普通互联网用户能够对网络百科中的词条内容进行编辑，也可以添加百科内容，极大提升了网络百科的规模。为了保障百科内容的权威性和高质量，网络百科采用专人维护机制，但是内容实时性得不到保障，常用的网络百科有百度百科、维基百科等。

2. 网络问答社区

网络问答社区为普通互联网用户提供提问-回答的便捷平台。用户在网络问答社区上提出大部分问题，社区中的其他用户会提供一个或多个相应的答案。用户提问具有兴趣分布广泛性、实时性等特点，因此，网络问答社区覆盖许多领域的最新信息。网络问答社区中回答者的知识水平参差不齐，其中可能包含许多低质量的问题和答案。目前，国内较大的网络问答社区有百度知道、知乎等。

3. 博客

博客又称网络日志，是一种在线日记形式的个人网站，通过张贴文章、图片或视频来记录生活、抒发情感或分享信息。博客上的文章通常以网页形式出现，并根据张贴时间，以倒序排列。典型的博客结合了文字、图像、其他博客或网站的超链接，以及其他与主题相关的媒体。能够让读者以互动的方式留下意见，是许多博客的重要要素。大部分博客的内容以文字为主，也有一些博客专注于艺术、摄影、视频、音乐、播客等主题。博客内容虽好，但缺乏与用户之间的互动，不能满足人们交流的需求，随着微博、微信公众号等的出现，博客慢慢成为小众化的应用。

在学习编程的过程中，要想通过某种形式把学习的知识点以文字的方式记录下来，可使用技术博客，如 CSDN、博客园、简书、知乎专栏和 GithubPage 等。

4. 微博

微博是一种允许用户即时更新简短文本（通常少于 140 字）并可以公开发布的微型博客形式，允许任何人阅读或者只能由用户选择的群组阅读。这些消息可以用短信、即时消息软件、移动应用程序、电子邮件或网页等方式发送。微博与传统博客不同，传统博客文件（如文本、影音或录像）的文件量较小。微博的代表性网站有新浪微博、Twitter 等。

任务三　专用平台信息检索

任务描述

本任务要求学生了解与网络课程、图书、期刊、论文、专利、商标、生活信息等相关的一些数字信息资源平台，并且熟练使用这些专用平台进行信息检索。

知识储备

一、网络课程资源检索

（一）关于网络课程

网络课程是通过网络来表现课程的教学内容及实施教学活动的，它包括按一定的教学目标、教学策略组织起来的教学内容和网络教学支撑环境。其中，网络教学支撑环境特指支持网络教学的软件工具、教学资源以及在网络教学平台上实施的教学活动。网络课程具有交互性、共享性、开放性、协作性和自主性等基本特征。

（二）网易公开课

网易在开发互联网应用、服务等方面投入很多，是电子邮件服务商，并拥有自营电商品牌、在线音乐平台、在线教育平台、资讯传媒平台等。

网易公开课汇集清华大学、北京大学、哈佛大学、牛津大学等学校共上千门课程，覆盖文学、数学、语言、社会等众多领域。

（三）中国大学MOOC

MOOC是大规模在线开放课程（Massive Open Online Course）的缩写，是一种任何人都能免费注册使用的在线教育模式。MOOC有一套类似于线下课程的作业评估体系和考核方式。每门课程定期开课，整个学习过程包括多个环节：观看视频、参与讨论、提交作业，穿插课程的提问和终极考试。

中国大学MOOC是由网易与高等教育出版社携手推出的在线教育平台，承接教育部国家精品开放课程任务，向大众提供中国知名高校的课程。在这里，每一个有意愿提升自己的人都可以免费获得更优质的高等教育。

二、电子图书检索

电子图书，是指以数字化形式存放、展示的包括文本、图像、音频等格式的图书。它们通过磁盘、光盘、网络等电子媒体出版发行，并需要借助计算机、手机、平板电脑等电子设备进行阅读、下载、保存、传递。

与纸质书相比，电子图书的优点在于：制作方便，不需要大型印刷设备，制作经费少；不占空间；方便在光线较弱的环境下阅读；文字大小、颜色可以调节；可以使用外置的语音软件进行朗诵；没有损坏的危险。但其缺点在于：容易被非法复制，损害原作者利益；长期注视电子屏幕有害视力；有些受技术保护的电子书无法转移给第二个人阅读。

（一）超星数字图书馆

超星数字图书馆成立于1993年，是国家"863"计划中国数字图书馆示范工程项目，于2000年1月在互联网上正式开通，由北京世纪超星信息技术发展有限责任公司投资兴建。

超星数字图书馆拥有大量的电子图书资源以供阅读，其中包括文学、经济、计算机等50余大类，数百万册电子图书，为目前世界上最大的中文在线数字图书馆之一。

(二) 畅想之星电子书

畅想之星电子书目前仅供学校（研究机构）或团体单位图书馆使用，只有畅想之星的采购客户或试用客户才可获得使用权。

(三) 读秀学术搜索

读秀学术搜索是由海量全文数据及资料基本信息组成的超大型数据库，也是学术搜索引擎及文献资料服务平台，为用户提供深入图书章节和内容的全文检索、部分文献的原文试读，以及高效查找、获取各种类型学术文献资料的一站式检索。读秀学术搜索只有单位可以开通服务，个人（包括在校学生）无法单独开通服务。

三、期刊文献检索

(一) 期刊文献及其分类

期刊文献是指刊登在期刊上的论文、综述、通信、书评等类型的资料。期刊大致分为核心期刊和普通期刊。

（1）核心期刊，是指某学科（或专业、或专题）所涉及期刊中刊载相关论文较多，能反映本学科最新研究成果及本学科前沿研究状况和发展趋势，得到该学科读者普遍重视的期刊。核心期刊的确立是基于一定的理论基础和科学统计的，不同学科会有不同的核心期刊表。而且核心期刊是一个动态的概念，即指核心期刊目录一般每年或隔几年会有修订，也就是说，某个期刊遴选入这一版核心期刊目录，并不代表就一直是核心期刊，可能下版遴选就不再是核心期刊了。目前国内常用的核心期刊目录主要有：中文核心期刊（即北大核心期刊）、中文社会科学引文索引（即南大核心期刊）、中国科技核心期刊（即统计源核心期刊）、中国科学引文数据库（China Sciencа Citation Database，CSCD）。

（2）普通期刊，是指核心期刊目录以外的期刊。

(二) 国际三大检索系统

1. SCI

科学引文索引（Science Citation Index，SCI）是由美国科学信息研究所（Institute for Scientific Information，ISI）于1961年创办的引文数据库，它覆盖生命科学、临床医学、物理化学、农业、生物、兽医学、工程技术等方面，是目前国际上三大检索系统之一。SCI收录范围是当年国际上的重要期刊，它的引文索引表现出独特的科学参考价值，在学术界占有重要地位。许多国家和地区均以被SCI收录及引证的论文情况来作为评价学术水平的一个重要指标。

2. EI

工程索引(Engineering Index,EI)由美国工程信息公司于1884年创办,是工程技术领域内的一部综合性检索工具,主要收录工程技术领域的论文。

3. ISTP

科学技术会议录索引(Index to Scientific & Technical Proceedings,ISTP)由美国科学情报研究所编制,创办于1978年,专门收录国际上各种重要的自然科学及技术方面的会议文献。

(三)我国三大文献检索网站

1. 中国知网

中国知网(China National Knowledge Infrastructure,CNKI)是全球领先的数字图书馆。它提供全天开放的大众知识服务,面向海内外读者提供杂志(期刊)、图书、工具书、报纸、会议、学位论文、学术文献全文在线阅读和下载服务。如果有中国知网账号,则可以在中国知网首页的右上角单击"登录"按钮进行账号登录;如果没有中国知网账号,则可以在登录界面中单击"立即注册"按钮注册一个账号。2019年,中国知网开通了作者服务平台,所有作者一经实名注册,即可无限期免费使用自己的作品。

知识链接

中国知网检索系统

1. 初级检索

初级检索是数据库默认的检索方式。初级检索的基本步骤:在中国知网首页搜索框左侧的下拉列表中选择检索项(如主题、篇名、关键词、摘要等);在搜索框中输入检索词进行检索。

2. 高级检索

与初级检索方式相比,高级检索支持多项逻辑组合检索,检索项之间可以使用逻辑运算符进行组配。检索项包括来源、基金、作者及作者单位等。高级检索的基本步骤:进入高级检索主界面;选择检索项;选择10个学科领域;限制词频,选择逻辑关系;输入检索词;选择精确或模糊匹配;输入时间范围;对结果排序;检索;显示检索结果(如题录、文摘、全文)。

在该界面左侧的"文献分类目录"下可选择要检索的类目范围;

"+""-"可以自定义增加、减少检索字段;

"并含/或含/不含"表示检索词之间或检索字段之间的逻辑关系；

"词频"是指该关键词出现的频率（目前不能修改，默认为至少出现一次）；

"精确"是指输入的检索词在检索结果中字序、字间间隔是完全一样的；

"模糊"是输入的检索词，在检索结果中出现即可，字序、字间间隔可以变化。

3. 专业检索

专业检索是指利用检索词及逻辑运算符构造的逻辑表达式进行检索的方式。该界面的上方分别是检索条件表达式的输入框、期刊发表时间和期刊来源；下方是基本语法的介绍和示例。专业检索的基本流程：进入专业检索主界面；选择10个学科领域；输入检索式；选择时间范围；对结果排序；显示检索结果。

4. 作者发文检索

作者发文检索用于检索某作者发表的文献及其被引用、下载等情况。通过作者发文检索，不仅能找到某作者发表的文献，还可以通过对结果的分组筛选，全方位地了解作者的主要研究领域、研究成果等情况。作者发文检索基本步骤：进入作者发文检索主界面；选择10个学科领域；填写作者姓名和时间范围；对结果排序；显示检索结果。

5. 句子检索

句子检索是指在全文同一句、同一段中包含某句话或某词组的检索方式。句子检索的基本步骤：进入句子检索主界面；选择10个学科领域；选择同一句或同一段；输入在同一句或同一段中要共同出现的词；对结果排序；显示检索结果。采用这种检索方式，可以通过输入两个检索词来查找同时包含这两个词的句子，从而找到相关论文，查找结果会直接显示论文中的句子，比其他检索方式更有针对性。检索词可以在全文同一句子中，同一句子包含1个断句标点（句号、问号、感叹号或省略号），也可以在同一段中，同一段的范围为20句之内。

6. 处理检索结果

使用以上任意一种检索方式时，系统都会显示相应的检索结果列表。结果列表中的每条记录都包括文献题名、作者、来源等信息，用户可以根据检索需求按相关度、发表时间、被引、下载和综合等维度进行排序。选择一条搜索结果，即可看到文献相关信息，提供手机阅读、HTML 阅读、CAJ 下载、PDF 下载等阅读和浏览方式。如果选择"CAJ 下载"，则需安装 CAJ 阅读器（CAJviewer）来阅读所下载的文献；如果选择"PDF 下载"，则需安装 PDF 阅读器来阅读所下载的文献。

2. 万方数据知识服务平台

万方数据知识服务平台整合了海量学术文献，构建了包括万方智搜、万方检测等多种服务系统，为用户提供从数据、信息到知识的全面解决方案。

3. 维普网

维普网是国内外重要的中文信息服务及综合性文献服务网站之一，它的《中文科技期刊数据库》是我国最大的数字期刊数据库、我国数字图书馆建设的核心资源之一、高校图书馆文献保障系统的重要组成部分，也是科研工作者进行科技查证和科技查新的必备数据库。

（四）学位论文检索

目前查找国内学位论文可通过以下几个数据库。

- 清华同方中国优秀博硕士学位论文全文数据库；
- 中国科学院学位论文数据库；
- 国家科技图书文献中心的中文学位论文数据库；
- 中国高等教育文献保障系统（China Academic Library & Information System，CALIS）学位论文中心服务系统；
- 中国科技信息所万方数据集团的中国学位论文全文库；
- 国家图书馆学位论文。

四、专利检索

专利文献是记载专利申请、审查、批准过程中所产生的各种有关文件的资料。狭义的专利文献指包括专利请求书、说明书、权利要求书、摘要在内的专利申请说明书和已经批准的专利说明书等文件资料；广义的专利文献还包括专利公报、专利文摘，以及各种索引与供检索用的工具书等。专利文献是一种集技术、经济、法律3种情报为一体的文件资料。

根据设置的专利种类，专利文献分为发明专利说明书、实用新型专利说明书和外观设计专利文献三大类。根据其法律性，专利文献可分为专利申请公开说明书和专利授权公告说明书两大类。

专利文献的检索可依不同途径，进行专利性检索、避免侵权的检索、专利状况检索、技术预测检索、具体技术方案检索。

（一）国家知识产权局

国家知识产权局是由国家市场监督管理总局管理的国家局，负责保护知识产权、促进

知识产权运用、建立知识产权公共服务体系等。

(二) 中国专利信息网

国家知识产权局专利检索咨询中心是目前国内科技及知识产权领域提供专利信息检索分析、专利事务咨询、专利及科技文献翻译、非专利文献数据加工等服务的权威机构，它主办的中国专利信息网是国内较早提供专利信息服务的网站。

五、商标检索

"商标是将某商品或服务标明是某具体个人或企业所生产或提供的商品或服务的显著标志。"这是世界知识产权组织（World Intellectual Property Organization，WIPO）给商标下的定义。

《中华人民共和国商标法》规定："任何能够将自然人、法人或者其他组织的商品与他人的商品区别开的标志，包括文字、图形、字母、数字、三维标志、颜色组合和声音等，以及上述要素的组合，均可以作为商标申请注册。"

我国商标法规定，经商标局核准注册的商标，包括商品商标、服务商标、集体商标、证明商标等，商标注册人享有商标专用权，受法律保护，如果是驰名商标，将会获得跨类别的商标专用权法律保护。

在国家知识产权局商标局主办的中国商标网中，可以进行商标申请、商标查询等操作。

六、企业信息与招聘信息检索

应聘一家企业时，首先要了解企业的背景，了解企业是否是合法企业、是否有不良记录，这时，可以通过国家正式的相关网站进行查询了解。

(一) 企业信息检索

1. 国家企业信用信息公示系统

国家企业信用信息公示系统由国家市场监督管理总局主办，系统上公示的信息来自市场监督管理部门、其他政府部门及市场主体。该系统提供全国企业、农民专业合作社、个体工商户等市场主体信用信息的填报、公示、查询和异议等功能。

2. "信用中国"网站

"信用中国"网站由国家发展和改革委员会、中国人民银行指导，国家公共信用信息中心主办，是政府褒扬诚信、惩戒失信的窗口，主要承担信用宣传、信息发布等工作，提供政府相关单位对社会公开的信用信息。

3. 中国裁判文书网

中国裁判文书网由中华人民共和国最高人民法院主办，统一公布各级人民法院的生效裁判文书，可以借此了解应聘企业是否有不良记录。

4. 企查查

企查查是一个企业信用查询网站，旨在为用户提供快速查询企业工商信息、法院判决信息、关联企业信息、法律诉讼、失信信息、被执行人信息、知识产权信息、公司新闻、企业年报等服务。

（二）招聘信息检索

网络招聘，是指企业通过技术手段的运用，帮助企业人事经理完成招聘的过程，即企业通过公司自己的网站或第三方招聘网站等机构来完成招聘过程。

在信息时代的今天，网络招聘的方式已经深入人心，成为求职人员，尤其是大学毕业生的首选求职方式，上网找工作已经十分普及。机遇与挑战并存，网络的高速度与巨大的信息量赋予了网络招聘得天独厚的优势。

常见的招聘网站有智联招聘、前程无忧、猎聘网、58同城、BOSS直聘等。

思考练习

一、选择题

1. 在计算机信息检索系统中，不属于常用检索技术的有（　　）。
   A. 布尔检索　　　B. 截词检索　　　C. 位置检索　　　D. 关键词检索

2. 信息检索效果评价的指标有（　　）。
   A. 误检率　　　　B. 漏检率　　　　C. 查准率　　　　D. 以上都是

3. 布尔逻辑检索中，检索符号"OR"的主要作用是（　　）。
   A. 提高查准率　　　　　　　　　　B. 提高查全率
   C. 排除不必要信息　　　　　　　　D. 减少文献输出量

4. 在截词检索中，代表无限检索的检索符号是（　　）。
   A. +　　　　　　B. |　　　　　　C. *　　　　　　D. ?

5. 在使用搜索引擎搜索时，如果返回结果过少，或者根本没有返回结果，那么可能的原因为（　　）。
   A. 主题词太多　　　　　　　　　　B. 主题词不规范、不准确
   C. 限制过多　　　　　　　　　　　D. 以上都是

二、填空题

1. 为了实现信息检索，需要将这些原始信息进行计算机格式、编码的转换，并将其

存储在_____中，否则无法进行机器识别。

2. 搜索引擎按其工作方式可以分为3类：_____、_____和元搜索引擎。

3. 在一般的数据库检索中，截词法常有左截、_____、中间截断和_____4种形式。

三、简答题

1. 什么是信息检索？请简述信息检索的基本原理。

2. 简述信息检索的流程。

四、操作题

1. 检索出你所学专业的某所学校的人才培养方案，了解本专业将学习的专业课程，并将相关信息填入下面的空行中。

专业名称：_____。

检索词（检索表达式）：_____。

人才培养方案的链接地址：_____。

本专业的主要专业课程：_____。

2. 请在"中国大学MOOC"查找两门跟所学专业相关的专业课，用于辅助专业课程的学习。

参考答案

一、选择题

1. D 2. D 3. B 4. C 5. D

二、填空题

1. 数据库

2. 全文搜索引擎、目录索引类搜索引擎

3. 右截、中间屏蔽

三、简答题

略

四、操作题

略

项目五 新一代信息技术

项目概述

随着信息化时代的到来,信息技术极大地改变了我们的生活、工作和学习方式。新一代信息技术正在全球引发新一轮的科技革命,并快速转化为现实生产力,引领科技、经济和社会的高速发展。本项目主要介绍新一代信息技术的相关定义、核心技术、应用实例等内容,帮助学生了解新一代信息技术的基本概念及其主要代表技术(如人工智能、量子信息、移动通信、物联网、区块链等)。

学习目标

知识目标

1. 了解信息技术的有关概念。
2. 了解新一代信息技术的主要特征。
3. 熟悉新一代信息技术主要代表技术的特点与典型应用。

能力目标

1. 能说出新一代信息技术的典型代表。
2. 能辨析现实生活中新一代信息技术的典型应用案例。

素质目标

1. 通过对典型前沿信息技术应用产品的体验,培养个人自信心及民族自豪感。
2. 树立正确的信息社会价值观和责任感。

任务一　新一代信息技术的基本概念

任务描述

本任务要求学生掌握信息技术的相关概念，了解新一代信息技术的主要特征。

知识储备

一、信息技术的相关概念

（一）信息技术

科学技术部 2006 年印发的《国家"十一五"基础研究发展规划》中提出，信息科学是研究信息的产生、获取、变换、传输、存储、处理、显示、识别和利用的科学，是一门结合了数学、物理、天文、生物和人文等基础学科的新兴与综合性学科。根据信息科学研究的基本内容，可以将信息科学的基本学科体系分为 3 个层次，分别是哲学层次、基础理论层次以及技术应用层次。信息技术位于信息科学体系的技术应用层次，属于信息科学的范畴。

信息技术（Information Technology，IT）一般是指在信息科学的基本原理和方法的指导下扩展人类信息功能的技术。

人类的信息器官包括感觉器官、神经器官、思念器官、效应器官。随着时代的发展，人类的信息活动越来越复杂，人们需要不断提高自己的信息处理能力，扩展人类信息器官的功能，于是各种信息技术应运而生。例如，利用感觉器官获取信息，由于人眼观察的范围有限，不能看到很远的地方，则产生了信息感测技术，即可以利用雷达、卫星遥感等观测到远方的信息。

信息技术是以电子计算机和现代通信技术为主要手段，实现信息的获取、加工、传递和利用等功能的技术总和，包括信息传递过程中的各个方面，即信息的产生、收集、交换、存储、传输、显示、识别、提取、控制、加工和利用等相关技术。综上所述，信息技术术包括了传感技术、通信技术和计算机技术等。

（二）数据、信息和消息

在现实生活中，人们常听到数据、信息、消息这些词，它们是很容易被混淆的概念。

实际上，它们之间是有联系和区别的。

数据是信息的载体，是对客观事物的逻辑归纳，用来表示客观事物的未经加工的原始素材。数据直接来自现实，可以是离散的数字、文字、符号等，也可以是连续的，如声音、图像等。数据仅代表数据本身，表示发生了什么事情。例如，经测量某人的身高为180厘米，单纯的180这个数据并没有意义，只是个数字而已。但当这个数据经过处理和加工，跟特定的对象即某人关联时，便赋予了其意义，这便是信息。因此，信息是加工处理后的数据。经过分析、解释和运用后，信息会对人的行为产生影响。可以说，数据是原材料，信息是产品，信息是数据的含义，是人类可以直接理解的内容。

在日常生活中，人们也常常错误地把信息等同于消息，认为得到了消息，就是得到了信息，但两者其实并不是一回事。消息中包含信息，即信息是消息的阅读者提炼出来的。一则消息中可承载不同的信息，它可能包含非常丰富的信息，也可能只包含很少的信息。

（三）新一代信息技术

国务院于2010年发布的《国务院关于加快培育和发展战略性新兴产业的决定》中明确指出"新一代信息技术产业"是国家七大战略性新兴产业之一。信息技术正在向纵深发展并深刻改变着人类的生产和生活方式。

随着信息技术的高速发展，信息技术领域的各个分支如集成电路、计算机、通信等都在进行"代际变迁"。集成电路制造已经进入"后摩尔"时代；计算机系统进入了"云计算"时代；移动通信从4G（4th Generation，第四代移动通信技术）迈入5G（5th Generation，第五代移动通信技术）时代，进一步推动万物互联。

业内人士认为，新一代信息技术涵盖技术多、应用范围广，与传统行业结合的空间大，如百度百科中就提出"新一代信息技术主要包括6个方面，分别是下一代通信网络、物联网、三网融合、新型平板显示、高性能集成电路和以云计算为代表的高端软件"。而随着科技的进一步发展，大数据、人工智能、虚拟现实、区块链、量子信息等技术加速创新和应用步伐，在很多学科领域获得了广泛关注和应用。

二、新一代信息技术的主要特征

从国家新兴产业看新一代信息技术，其涵盖内容多，应用范围广，其主要特征可以归纳为融合和创新。

新一代信息技术的发展热点将信息技术横向渗透、融合到工业、农业、金融、医疗、服务、文教等行业中，拓展出无穷无尽的新空间、新产品、新应用和新模式，迸发出源源不断的新动能，创造出不可估量的新价值。主要体现在以下3个方面。

(一) 群体创新

计算、网络、感知及算法等快速代际跃迁，与制造、能源、材料等技术交叉整合，推动群体性技术突破，数字制造、先进材料、智能机器人、自动驾驶汽车等创新应用不断涌现。

(二) 开放创新

新的网络互联打破了传统企业创新的禁锢，推动创新从封闭转向开放，通过大范围、多维度、深层次合作，催生了海量市场主体，催生了众包研发、在线协同研发等新模式，集众智、汇众力、促众创的新格局已经形成。

(三) 引领创新

新一代信息技术的加速创新、发展和应用，引领新一轮的信息技术革命，是科技革命和产业变革的中坚力量。

任务二 新一代信息技术的主要代表技术及典型应用

任务描述

本任务要求学生了解人工智能、量子信息、移动通信、物联网、区块链等主要代表技术的技术特点和典型应用。

知识储备

一、新一代信息技术的主要代表技术

(一) 人工智能

人工智能（Artificial Intelligence，AI）是研究、开发用于模拟、延伸和扩展人的智能的理论、方法、技术及应用系统的一门新的技术科学，是计算机学科的一个重要分支。

人工智能主要研究使用计算机来模拟人的某些思维过程和智能行为（如学习、推理、思考、规划等），包括计算机实现智能的原理以及制造类似于人脑智能的计算机，从而使计算机能实现更高层次的应用。

(二)量子信息

量子信息(Quantum Information)是关于量子系统"状态"所带有的物理信息,通过量子系统的各种相干特性,如量子并行、量子纠缠和量子不可克隆等,进行计算、编码和信息传输的全新信息方式。量子信息最常见的单位为量子比特(qubit)。

(三)移动通信

移动通信(Mobile Communications)是沟通移动用户与固定点用户之间或移动用户之间的通信方式。移动通信的双方有一方或两方处于运动中,包括陆、海、空。

移动通信系统由移动台、基台、移动交换局组成。若要同某移动台通信,移动交换局通过各基台向全网发出呼叫,被叫移动台收到后发出应答信号,移动交换局收到应答后分配一个信道给该移动台,并从此话路信道中传送一信令使其振铃。

移动通信技术作为电子计算机与移动互联网发展的重要成果之一,目前已经迈入了5G时代。

(四)物联网

物联网(Internet of Things,IoT)即"万物相连的互联网",通过部署具有一定感知、计算、执行和通信能力的各种设备获得物理世界的信息,并通过网络实现信息的传输、协同和处理,从而实现人与物、物与物之间信息交换的互联的网络。物联网是在互联网基础上延伸和扩展的网络,是将各种信息传感设备与网络结合起来而形成的一个巨大网络,实现在任何时间、任何地点的人、机、物的互联互通。

(五)区块链

区块链(Blockchain)是数字经济的重要组成部分,自出现以来受到广泛关注。工业和信息化部在2016年发布的《中国区块链技术和应用白皮书(2016)》中给出的定义是,区块链是按照时间顺序将数据区块以顺序相连的方式组合成的一种链式数据结构,并以密码学方式保证不可篡改和不可伪造的分布式账本,该账本由区块链网络中的所有节点共同维护,实现数据的一致存储。

区块链主要实现交易和区块两类内容的记录。交易是存储在区块链上的实际数据,而区块则是记录确认某些交易是在何时,以及以何种顺序成为区块链数据库的一部分。交易是由参与者在正常使用系统时创建的,区块则是由区块链网络中的矿工(miners)创建的,同时,矿工还负责将新交易添加到新区块中,并将新区块添加到区块链网络。

二、新一代信息技术主要代表技术的特点与典型应用

(一) 人工智能技术

从学科的角度来看,人工智能是一门极富挑战性的交叉学科,其基础理论涉及数学、计算机、控制学、神经学、自动化、哲学、经济学和语言学等众多学科。人工智能技术不仅知识量大,而且难度高。人工智能的研究领域主要包括计算机视觉、机器学习、自然语言处理、机器人技术、语音识别技术、专家系统等,其研究的一个主要目标是使机器能够胜任一些通常需要人类智能才能完成的复杂工作。

国务院于 2017 年发布的《新一代人工智能发展规划》中提出了面向 2030 年我国新一代人工智能发展的指导思想、战略目标、重点任务和保障措施,并指出:"经过 60 多年的演进,特别是在移动互联网、大数据、超级计算、传感网、脑科学等新理论与新技术以及经济社会发展强烈需求的共同驱动下,人工智能加速发展,呈现出深度学习、跨界融合、人机协同、群智开放、自主操控等新特征。大数据驱动知识学习、跨媒体协同处理、人机协同增强智能、群体集成智能、自主智能系统成为人工智能的发展重点,受脑科学研究成果启发的类脑智能蓄势待发,芯片化、硬件化、平台化趋势更加明显,人工智能发展进入新阶段。"

人工智能已经逐渐走进人们的生活,并应用于各个领域。它不仅给许多行业带来了巨大的经济效益,也为人们的生活带来了许多改变和便利。人工智能的主要应用场景有工业制造、社交生活、交通运输、智能家居等。下面介绍人工智能的一些典型应用。

1. 识别系统

识别系统包括人脸识别、声纹识别、指纹识别等生物特征识别。

人脸识别是基于人的脸部特征信息进行身份识别的一种生物识别技术,涉及的技术主要包括计算机视觉、图像处理等。

声纹识别包括说话人辨认和说话人确认。系统采集说话人的声纹信息并将其录入数据库,当说话人再次说话时,系统会采集这段声纹信息并自动与数据库中已有的声纹信息对比,从而识别出说话人的身份。声纹识别技术有声纹核身、声纹锁和黑名单声纹库等多项应用案例,可广泛应用于金融、安防、智能家居等领域。

2. 机器翻译

机器翻译是利用计算机将一种自然语言转换为另一种自然语言的过程。例如,人们在阅读英文文献时,可以方便地通过有道翻译等网站将英文转换为中文,免去了查字典的麻烦,提高了学习和工作效率。随着经济全球化进程的加快及互联网的迅速发展,机器翻译技术在促进政治、经济、文化交流等方面的价值凸显,也给人们的生活带来了许多便利。

3. 智能家居

智能家居是以家庭住宅为平台，基于物联网技术，由硬件设备（智能家电、智能硬件、安防控制设备、家具等）、软件系统、云计算平台构成的家居生态圈，实现人远程控制设备、设备间互联互通、设备自我学习等功能，并通过收集、分析用户行为数据为用户提供个性化生活服务，使家居生活更为安全、节能及便捷。

4. 智能客服

智能客服机器人是一种利用机器模拟人类行为的人工智能实体形态。它能够实现语音识别和自然语义理解，具有业务推理、智能应答等能力。智能客服机器人广泛应用于商业服务与营销场景，为客户解决问题或提供决策依据。例如，电商可以使用智能客服机器人针对客户的各类简单、重复性高的问题进行全天候的咨询、解答，从而大大降低企业的人工客服成本。

5. 智能停车场

智能停车场管理系统是现代化停车场车辆收费及设备自动化管理的统称，也是目前发展较为迅猛的智慧城市解决方案。智能车牌识别系统主要由摄像头、控制程序、嵌入式硬件和停车栏杆控制系统组成。例如，港珠澳大桥珠海口岸配套的停车场就采用了人工智能识别、导航寻车系统，整合了智能硬件、视频识别、车位引导、室内定位、云平台等技术，实现了便捷停车、线上缴费、车位引导、自助寻车、动态导航等功能。

知识链接

> ChatGPT 是美国人工智能研究实验室 OpenAI 新推出的一种人工智能技术驱动的自然语言处理工具，使用了 Transformer 神经网络架构，也是 GPT-3.5 架构。这是一种用于处理序列数据的模型，拥有语言理解和文本生成能力，尤其是它会通过连接大量的语料库来训练模型，这些语料库包含了真实世界中的对话，使 ChatGPT 具备上知天文下知地理，以及根据聊天的上下文进行互动的能力，做到与真正人类几乎无异的聊天场景进行交流。ChatGPT 不单是聊天机器人，还能进行撰写邮件、视频脚本、文案、翻译、代码等任务。
>
> 截至 2023 年 2 月，这款新一代对话式人工智能便在全球范围获得 1 亿名用户，并成功从科技界破圈，成为历史上增长最快的消费者应用程序。

（二）量子信息技术

近年来，量子信息已经成为全球科技领域关注的焦点之一。量子信息是量子物理与信息技术相结合发展起来的新学科，是对微观物理系统量子态进行人工调控，以全新的方式

获取、传输和处理信息，主要包括量子计算、量子通信和量子测量3个领域。

量子计算以量子比特为基本单元，利用量子叠加和干涉等原理实现并行计算，能在某些计算困难问题上提供指数级加速，具有传统计算无法比拟的巨大信息携带量和超强并行计算处理能力，是未来计算能力跨越式发展的重要方向。

量子通信是利用量子纠缠效应进行信息传递的一种新型的通信方式，主要研究量子密码、量子隐形传态、远距离量子通信等技术。与经典通信相比，量子通信安全性比较高，因为量子态在不被破坏的情况下，在传输信息的过程中是不会被窃听也不会被复制的。

量子测量是通过微观粒子系统调控和观测实现物理量测量，在精度、灵敏度和稳定性等方面相比于传统测量技术有数量级的提升，可用于包括时间基准、惯性测量、重力测量、磁场测量和目标识别等场景，在航空航天、防务装备、地质勘测、基础科研和生物医疗等领域应用前景广泛。

量子信息技术的研究与应用，会对传统信息技术体系产生冲击，甚至引发颠覆性技术创新，在未来国家科技竞争、产业创新升级、国防和经济建设等领域具有重要战略意义。

（三）移动通信技术

移动通信，简单来说，就是移动中的信息交换，是进行无线通信的现代化技术。移动通信的特点主要有：

（1）移动性。要保持物体在移动状态中的通信，包括无线通信或无线通信与有线通信的结合。

（2）电波传播条件复杂。移动体可能在各种环境中运动，电磁波在传播时会产生反射、折射、绕射、多普勒效应等现象，产生多径干扰、信号传播延迟和展宽等效应。

（3）噪声和干扰严重。噪声和干扰包括在城市环境中的汽车噪声、各种工业噪声，以及移动用户之间的互调干扰、邻道干扰、同频干扰等。

（4）系统和网络结构复杂。移动通信是一个多用户通信系统和网络，必须使用户之间互不干扰、能协调一致地工作，而且移动通信系统还与市话网、卫星通信网、数据网等互联，整个网络结构是非常复杂的。

（5）要求频带利用率高、设备性能好。

移动通信技术经历几代的发展，目前已经迈入了5G时代。5G的特点是广覆盖、大连接、低时延、高可靠。和4G相比，5G峰值速率提高了30倍，用户体验速率提高了10倍，频谱效率提升了3倍，连接密度提高了10倍，能支持移动互联网和产业互联网的各方面应用。5G目前主要有三大应用场景：

1. 大流量移动宽带业务

扩容移动宽带，提供大带宽高速率的移动服务，面向3D/超高清视频、增强现实/虚拟现实（AR/VR）、云服务等应用。

2. 大规模物联网业务

海量机器类通信，主要面向大规模物联网业务，以及智能家居、智慧城市等应用。

3. 无人驾驶、工业自动化等业务

超高可靠与低延时通信将大大助力工业互联网、车联网中的新应用，应用于工业应用和控制、交通安全和控制、远程制造、远程培训、远程手术等。

5G是里程碑，具有承前启后的作用，而要真正实现万物互联，实现天、地、人的网络全连接，实现全球无缝覆盖，必须再进行技术创新。在体验5G社会的同时，期待6G卫星网络通信时代的到来，充分体验智能社会的全新生活。

（四）物联网技术

可以将物联网理解为物物相连的互联网，其核心和基础是互联网，将用户端扩展到了任何物品，实现物品与物品之间进行信息交换和通信。物联网通过智能感知、识别技术与普适计算等通信感知技术，广泛应用于网络的整合中。物联网是贴近生产环境的技术，可以通过物理设备收集数据实现智能化识别、定位、跟踪、监控和管理。

物联网具有全面感知、可靠传输和智能处理三大特征。

全面感知指利用射频识别（Radio Frequency Identification，RFID）、传感器、定位器等工具，随时随地获取和采集物体的信息。物体感知是物联网识别、采集信息的主要来源，它将现实世界的各类信息通过技术转化为可处理的数据和数据信息。不同种类的采集设备获取的数据内容和数据格式不同，例如，摄像头获取视频数据，温度传感器感应温度，卫星定位仪获取物体的地理位置。

可靠传输指通过无线网络和有线网络的融合，对获取的感知数据进行实时远程传递，实现信息的交互和共享。由于采集到的数据是海量的，因此，传输过程中要保证数据的准确性和实时性。

智能处理指利用云计算、数据挖掘、模糊识别等人工智能技术，对接收的海量信息进行分析和处理，实现对物体的智能化管理、应用和服务。

知识链接

物联网的体系结构

物联网的体系结构主要有感知层、网络层和应用层，体现了物联网的3个基本特征。物联网体系结构如图5-1所示。

图 5-1 物联网的体系结构

1. 感知层

物联网的感知层是实现物联网全面感知的基础。以 RFID 技术、摄像头、传感器等为主，通过传感器收集设备信息，利用 RFID 技术对电子标签或射频卡进行读写，实现对现实世界的智能识别和信息采集。例如，汽车能够显示剩余的汽油量，主要是有检测汽油液面高度的传感器。

2. 网络层

物联网的网络层负责将收集的信息安全无误地传输给应用层。网络层由互联网、移动通信网、有线通信网、云计算、专用网络和网络管理系统组成。

3. 应用层

物联网的应用层是物联网的智能层，将传输来的数据进行分析和处理，实现对物体的智能化控制。应用层为用户提供丰富的特定服务，用户也可以通过终端在应用层定制自己需要的服务，如查询信息、监测数据及操控设备等。

物联网的应用现已渗透到各个领域。其在工业、农业、环境、交通、物流、安保等基础设施领域的应用，有效地推动了基础设施领域的智能化发展，使有限的资源得到了合理的分配和使用，极大地提高了各行业的生产效率和效益；其在教育、家居、医疗、金融、服务业、旅游业等与人们学习和生活息息相关的领域的应用，有效地改进了人们的学习和生活方式，大大提高了生活品质；其在国防、军事领域的应用，有效地提升了军事智能化、信息化，极大地提升了军队的战斗力，是未来军事装备变革的关键要素。

1. 智能家居

智能家居是最早受到广泛关注的物联网应用，目前较为流行的物联网应用也是在智能家居领域，如图 5-2 所示。智能家居领域最先推出的产品是智能插座，从普通插座到具备远程遥控、定时等功能，让人耳目一新。随后出现了各种智能家电，把能连网的家电都连上网，如空调、洗衣机、冰箱、电饭锅、微波炉、电视、照明灯、监控、智能门锁等。智能家居的网络连接方式主要还是 Wi-Fi，部分蓝牙，少量的 NB-IoT、有线连接。这类产品的厂家不少，产品功能大同小异，大部分是私有协议，每个厂家的产品都要配套使用，不能与其他厂家的产品混用。可见，协议还是需要标准化，否则不利于互联互通。

图 5-2　智能家居

2. 智能穿戴

智能穿戴设备已经有不少人拥有了，较为普遍的就是智能手环、智能手表，还有智能眼镜、智能衣服、智能鞋等，如图 5-3 所示。智能穿戴设备的网络连接方式基本都是蓝牙连接手机，数据通过智能穿戴设备上的传感器发送给手机，再由手机发送到服务器。目前除智能手环、智能手表销量之外，其他智能穿戴设备的应用还没有太大起色。智能穿戴设备监控人的健康状况需要精密的传感器，可以和智能医疗设备一起研制。

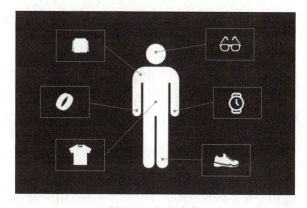

图 5-3　智能穿戴

3. 车联网

车联网已经发展了很多年。车联网的应用主要包括智能交通、无人驾驶、智慧停车、各种车载传感器应用等。

智能交通已经发展多年,是集合物联网、人工智能、传感器技术、自动控制技术等于一体的高科技系统。智能交通在为城市处理各种交通事故、疏散拥堵方面起到重要作用。

无人驾驶是一门新兴技术,也是非常复杂的系统,主要的技术是物联网和人工智能,和智能交通部分领域是融合的。

智慧停车和车载传感器应用包括智能车辆检测、智能报警、智能导航、智能锁车等。这方面技术含量相对较低,但也非常重要,有很多是为无人驾驶和智能交通提供服务。

4. 智能工业

工厂只要有网,就自然是"物联网",这个"物联网"可能早就存在了。例如阀门的远程控制、管道温度的远程监控等,每个工厂都有自己的控制系统。但这不是智能工业,不是我们现在所说的物联网应用。智能工业包括智能物流、智能监控、智慧生产等。

5. 智能医疗

人人都离不开医疗系统。智能医疗首先是远程诊断和机器看病,有了远程诊断,就不用专程去看医生了,机器在一定范围内可以分担相当一部分人的工作量。其次,医疗信息联网可以给病情诊断带来更准确、更客观的结论,改变现在的病人病历智能保存在一个医院里的状况。

6. 智慧城市

智慧城市是多种应用的综合体,如智能家居、智能交通、智能酒店、智能零售、智能电力、智能垃圾箱、智能医疗等。

万物互联成为全球网络未来发展趋势,物联网技术与应用空前活跃,应用场景不断丰富。未来,物联网将合规性更严格、防护措施更安全、智能消费设备更普及。

(五) 区块链技术

区块链是起源于数字货币的一个重要概念,是一串使用密码学方法相关联产生的数据块,每一个数据块中包含的信息,用于验证其信息的有效性和生成下一个区块。区块链是一整套技术组合的代表,其基本的技术有区块链账本、共识机制、密码算法、脚本系统和网络路由。

区块链的特性主要包括去中心化、可溯源性和不可篡改性。

去中心化指区块链中并不是由某一特定中心处理数据的记录、存储和更新,在链上的每个节点都是对等的,网络中的数据维护由所有节点共同参与。也就是说,网络中产生的业务操作需要网络中各个节点形成共识后才会被记录,以保证区块链网络的平等性,形成一个更加自由、透明、公平的高可信的网络环境。

可溯源性是说在区块链中所有交易都是公开的，任何节点都能得到区块所有的交易记录，除了交易双方的私有信息被加密，区块链上的数据都可通过公开接口查询。区块链以链的形式保存从第一个区块开始的所有数据记录，链上的任意一条记录都可以通过链式结构追溯本源。

不可篡改性是由于区块链技术的网络是一个全民参与记账（数据记录）、共同维护账本的系统，所有信息一旦通过验证、共识并写入区块，就很难被修改，若想篡改数据，就必须修改链上51%以上节点的数据，篡改的代价和成本极高。在区块链网络中，数据记录采用密码学相关的技术，通过哈希函数、数字签名等防伪认证技术确保数据的安全，增加了网络中恶意攻击篡改、伪造和否认数据的难度与成本。

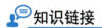知识链接

区块链的分类

根据去中心化的数据开放程度和范围，目前，区块链主要分成公有链、私有链和联盟链。

1. 公有链

公有链，顾名思义是公有的，人人均可参与。任何人都能参与数据的维护和读取，也可以部署应用程序，完全去中心化，不受任何机构控制，像水和空气一样，属于全人类共有。在公有链上进行的交易也是公开的，任何人都可以查询每一笔交易。在公有链上通常会采取发币措施，激励矿工进行交易记账。典型的案例有比特币（BTC）、以太坊（ETH）、商用分布式区块链操作系统（EOS）、币安智能链（BSC）等。

2. 私有链

私有链一般只在企业内部或者单独个体使用，写入权限完全在一个机构手里，所有参与到这个区块链中的节点都会被严格控制，而且只向满足特定条件的个人开放，与传统中心化的管理模式基本没有区别。使用私有链的目的是借助区块链的不可篡改、加密存储等特有功能实现企业内部关键业务，如企业票据管理、财务审计或政务管理等，以保证业务数据的安全性。

3. 联盟链

联盟链是介于公有链和私有链间的一种区块链技术，它更像是一个行业或者协会联合使用的区块链，基本上对会员单位开放，其开放程度小于公有链，需要注册许可才能访问。联盟链采用指定节点计算的方式，虽然在一定程度上也能抵御数据损毁的风险，但是与公有链相比，没有完全去中心化。

区块链就像一台创造信任的机器或一个安全可信的保险箱,可以让互不信任的人在没有权威机构的统筹下,放心地进行信息互换与价值互换。在多方参与、对等合作的场景下,通过区块链技术可以增强多方互信,提升业务运行效率并降低业务运营成本。随着技术的不断发展,区块链已从数字货币扩展到各行各业,包括政府、医疗、保险、股票、慈善、投票和身份识别等广泛的领域。

1. 食品溯源

区块链的核心价值在于去中心化、公开透明。在食品溯源应用中,由政府监管部门参与区块链节点的数据记录并实时监管链条上的数据,消费者可以通过查询产品的数字ID知悉产品从原材料采购、生产加工环节、物流运输配送到销售情况的具体信息,提高了消费者对于产品质量的认可度,也提高了食品安全和产品质量问题的精准环节及相关责任人的定位,相当于通过提高系统的可追责性来降低系统的信任风险。当发生食品安全事故时,基于区块链的溯源体系可以在短时间内追踪到每一环节,精准召回不合格的批次产品,避免下架所有同类产品,提升企业业务效率,提升消费者的满意度。

2. 供应链管理

供应链是指跨企业的物流活动和商业活动的集成,是一个多主体交易网络,涉及企业、供应商、物流运输、仓储、客户等方面。供应链缺乏第三方信任机制,区块链正好提供了第三方的共识机制;供应链上的信息一旦写入区块链,就会实时分享给所有人,可以提高跨企业商业活动的同步效率;利用区块链技术可以精准溯源,不仅可以知道每批货物从哪里来,还可以知道货物经过了哪些港口、批发和零售等每个环节,在每个环节上经手人都会在区块链上盖上时间戳并进行电子签名,能有效保障数据的安全性。

思考练习

一、选择题

1. 现在常常能听人们说到 IT 行业各种各样的消息,这里所提到的"IT"指的是(　　)。

  A. 信息   B. 信息技术   C. 通信技术   D. 感测技术

2. 下列不属于人工智能研究领域的是(　　)。

  A. 计算机视觉 B. 编译原理 C. 机器学习 D. 自然语言处理

3. 物联网的全球发展趋势可能提前推动人类进入"智能时代",也称为(　　)。

  A. 计算时代 B. 信息时代 C. 互联时代 D. 物联时代

4. 以下不属于量子信息技术的是(　　)。

  A. 量子计算 B. 量子通信 C. 互联网技术 D. 量子测量

5. AI 的英文全称为( )。

A. Automatic Intelligence　　　　　　B. Artificial Intelligence

C. Automatic Information　　　　　　D. Artificial Information

二、填空题

1. 信息技术一般是指在信息科学的基本原理和方法的指导下_____的技术。

2. 量子信息最常见的单位为_____。

3. 物联网具有全面感知、可靠传输和_____三大特征。

4. 云计算主要分为_____、_____和混合云3种形态。

5. 区块链主要分成公有链、私有链和_____。

三、简答题

1. 5G 的主要应用场景有哪些？

2. 简述区块链的基本特性。

四、操作题

1. 请说一说你在生活中接触到的人工智能技术、物联网技术的应用。

2. 你认为人工智能能够替代人类智能吗？谈谈你的观点和理由。

参考答案

一、选择题

1. A　2. B　3. D　4. C　5. B

二、填空题

1. 扩展人类信息功能

2. 量子比特（qubit）

3. 智能处理

4. 私有云、公共云

5. 联盟链

三、简答题

略

四、操作题

略

项目六 信息素养与社会责任

项目概述

现代社会是一个信息大爆炸的时代,信息无所不在、无时不在,但是网络信息社会和现实社会一样,都需要社会责任,需要一套道德规范来约束,以保证其正常运行。我们不能因为网络的隐蔽性而随心所欲,忘记最基本的法律和道德约束。本项目主要介绍信息素养的概念及内涵,指导学生培养良好的信息素养,了解信息技术及其发展史,树立信息安全意识,启发学生遵守信息伦理准则与规范。

学习目标

知识目标

1. 了解信息素养的概念和构成要素。
2. 了解信息技术发展史。
3. 了解信息伦理知识与社会责任。

能力目标

1. 能够熟练地、批判性地评价信息,并能有效辨别虚假信息。
2. 能自觉遵守信息伦理准则与规范,做信息化社会合格公民。

素质目标

1. 能履行与信息和信息技术相关的符合伦理道德的行为规范。
2. 树立正确的世界观、人生观、价值观。

任务一　认识信息素养

任务描述

本任务要求学生理解信息素养的概念，了解信息素养构成要素及如何培养信息素养以适应信息化社会。

知识储备

面对网络和数字化社会，学生的学习方式与思维方式都发生了明显变化，不仅要学习知识，更要学会处理海量信息，充分利用各种媒体与技术工具解决学习与生活中的问题，甚至需要在已有信息基础上实现创新，从而应对复杂多变的环境，实现自我价值。

一、信息素养的概念

信息素养（Information Literacy）是信息化时代的人们应该具备的一种基本素质。"素养"是经训练和实践而获得的一种道德修养，"信息素养"是指人们在信息方面形成的修养。

（一）信息素养的定义

信息素养是一个发展的概念。1974 年，美国信息产业协会主席保罗·柯斯基（Paul Zurkowski）首次提出"信息素养是人们在解决问题时利用信息的技术和技能"。

1989 年，美国图书馆协会（American Library Association，ALA）给出了比较权威的定义，即信息素养是个体能够认识到需要信息，并且能够对信息进行检索、评估和有效利用的能力。信息素养包括文化素养（知识方面）、信息意识（意识方面）和信息技能（技术方面）3 个层面。其中，最基本的信息素养是信息技能。

1997 年，澳大利亚学者 Bruce 提出信息素养包括信息技术理念、信息源理念、信息过程理念、信息控制理念、知识建构理念、知识延展理念和智慧的理念等。

1998 年，美国图书馆协会和教育传播与技术协会从信息素养、独立学习和社会责任 3 个方面制定了信息素养人的九大信息素养标准，从 3 个方面进一步明确和丰富了信息素养在信息意识层面、技术层面、道德和社会责任等层面的要求，见表 6-1。

表 6-1　美国图书馆协会和教育传播与技术协会的信息素养标准

方面	具体内容
信息素养	能够有效地、高效地获取信息； 能够熟练地、批判性地评价信息； 能够精确地、创造性地使用信息
独立学习	能探求与个人兴趣有关的信息； 能欣赏作品和其他对信息进行创造性表达的内容
社会责任	能力争在信息查询和知识创新中做得最好； 能认识信息对民主化社会的重要性； 能履行与信息和信息技术相关的符合伦理道德的行为规范； 能积极参与小组的活动来探求和创建信息

2000 年，美国大学和研究图书馆协会（the Association of College and Research Libraries，ACRL）标准委员会制定了高校学生应具备的信息素养 5 条标准。

（1）能明确所需信息的类型和范围。

（2）能有效而又高效率地评估所需信息。

（3）能批判性地评估信息和它的来源，并将遴选的信息纳入自己的知识基础和价值系统中。

（4）无论是个体还是团体的一员，都能有效地利用信息达成某一特定目的。

（5）懂得有关信息技术的使用所产生的经济、法律和社会问题，并在获取和利用信息时遵守道德和法律。

进入 21 世纪以来，信息素养的概念内涵由最初的"利用信息解决问题的技术、技能"逐渐发展，最后成为包括信息意识、信息技能、信息伦理道德等涉及社会政治、经济、法律等各个领域的综合性概念。

总之，信息素养是一个综合性的、动态的概念，它既包括高效地利用信息资源和使用信息工具的能力，也包括获取识别信息、加工处理信息、传递创造信息的能力，还包括独立自主学习的态度和方法、批判精神以及强烈的社会责任感和参与意识，并将它们用于实际问题的解决中。

（二）信息问题的解决方案

如何用信息技术分析和解决实际问题是信息素养的核心内涵。

1990 年，美国迈克·艾森堡（Mike Eisenberg）博士和鲍勃·伯克维茨（Bob Berkowitz）博士提出了"BIG6"方案，即用网络主题探究模式来培养学生的信息能力和问题解决能力。

信息问题的解决过程可以分解为以下 6 个环节。

（1）确定任务：确定任务及所需要的信息。

小组需要从工作任务中提取出信息问题的任务，并明确完成这项任务所需的信息。人们可以使用电子邮件、邮件列表、新闻组、实时聊天、视频会议等即时沟通工具就任务和信息问题进行交流、讨论。

（2）搜寻信息的策略：从可能的信息来源中选择合适的信息来源。

研究如何搜寻信息，需要确定可能的信息来源，如现场调查、查阅图书、浏览互联网、期刊检索等。对各种信息来源进行分析，从信息获取的便捷性、经济性、技术性、有效性等方面分析，列出资源途径的优先顺序，根据小组成员特点分配搜寻任务。

（3）检索和获取信息：检索信息来源并查找所需的信息。

不同的信息来源，检索和获取信息的技术路径不同，要研究制定成功的检索方式和检索策略，例如通过搜索引擎查找信息，需要从分析问题的过程中提取关键字，构建搜索策略。在检索过程中，从信息源里发现可用的信息，摘录信息纲要、记录信息位置、记录信息来源等，使用适当的工具来管理经过挑选和整理的信息。

（4）使用信息：从信息来源中感受信息并筛选出有关的信息。

阅读获得信息的原文，把握原文思想，挑选适合引用的文字。对比不同来源的信息，评估信息的可靠性、准确性、正确性、权威性，分析该信息产生的背景，挑出存在的偏见和矛盾。从多个资源中组织信息，综合主要思想构成新的概念并进行验证。判断获取的信息是否能够解决面临的问题，必要时扩展新的信息。

（5）集成信息：将多种来源的信息组织并展示、表达出来。

分析解决问题是信息获得的出发点和落脚点，把新旧信息应用到形成新发现、研制新方案、设计新产品、开发新功能的过程中，从而实现特定的目的。

（6）评价反思：评判学习过程的效率及学习成果的有效性。

持续改进是质量保证的基本环节。首先，评价问题的解决过程，即对信息来源、检索策略、信息集成和利用进行评价，总结以往的经验、教训和其他可以选择的策略。其次，对问题解决的结果进行评价，评价新信息的作用和贡献，评价有待改进的环节和方面，包括与信息使用有关的经济、法律和社会问题等。

此 6 个环节是相互作用的，尤其是评价反思环节更为重要，它将直接引导解决实际问题过程中关注的方向。但目前对学生的评价，由于受可操作性、量化要求以及历史原因影响，并非采用过程式、作品式的评价，而是基本沿用过去计算机知识和技术的考核，即：重视"检索和获取信息"环节的考核，将"BIG6"方案中的"检索和获取信息"环节误解为信息技术教育培养目标，把会上网、会下载素材组织成作品视为具备信息素养。

二、信息素养构成要素

信息素养的构成可归纳为信息知识、信息意识、信息能力和信息道德 4 个要素。这 4 个要素是一个不可分割的统一整体，其中信息意识是先导，信息知识是基础，信息能力是核心，信息道德是保证。

（一）信息知识

信息知识是指对与信息技术有关的知识的了解，包括信息技术基本常识、信息系统的工作原理和了解相关的信息技术新发展问题。

（二）信息意识

1. 信息意识的概念

信息意识是指客观存在的信息和信息活动在人们头脑中的能动反映，表现为以下几个方面。

（1）是人们捕捉、判断、整理和利用信息的意识，即人从信息角度对万事万物的认识。

（2）是对信息与信息价值所特有的感知力、判断力和洞察力，即人对信息敏感程度。只有在强烈的信息意识的引导和驱动下，有强烈的求知欲、发现欲和浓厚的兴趣，才有可能自觉地追寻信息，主动地用信息手段分析和解决实际问题。

（3）是对现代信息技术的快速认知力。在信息社会里，人们很大程度上依赖信息技术来获得信息。

信息意识包括信息经济与价值意识、信息获取与传播意识、信息保密与安全意识、信息污染与守法意识、信息动态变化意识等内容。

2. 信息意识的培养

信息意识的培养，就是对推崇信息、追求新信息、掌握即时信息的观念树立和意识强化的过程。信息意识的培养，特别是大学生信息意识的培养，主要有以下几个方面的要求。

（1）能够准确地确立信息问题。这是指能将学习、生活当中的实际问题、某一项任务或科学研究课题等转变为能够被现有的信息资源系统或其他人所理解和"应答"的信息问题。

（2）能够高效地获取所需的信息。获取信息是确立信息问题和制订计划后的重要环节。获取信息的技能至少包括传统的图书馆技能、信息检索技能、计算机技能、社会调查能力及各种科学探究方法等。

（3）能批判性地评价信息及其来源。批判性思维和评价能力几乎在信息活动的各个环节发生作用，主要包括对信息问题的评价和调整、对信息来源的评价和调整、对信息获取方式和策略的评价与调整、对信息的评价和筛选。

（4）能够有效地分析与综合利用信息，产生新的观点、计划和作品，并通过各种表达形式与他人交流信息成果。这是指要能够对筛选的信息进行分析和综合，概括出中心思想，得出新的结论或观点，与自身的知识体系整合，产生个体的新知识或人类的新知识，并灵活运用写作技能、多媒体信息技术等将其充分表达出来，有效地与他人交流信息成果。

（5）懂得有关信息技术的使用所产生的经济、法律和社会问题，并能在获取和使用信息中遵守法律和公德。这是指在获取、使用和交流信息以及使用信息技术时，能够辩证地看待言论自由与审核制度，懂得尊重信息作者的知识产权，遵守基本的信息安全法规，理解和维护信息社会的各项道德规范。

（三）信息能力

信息能力是指信息接收者有效利用信息设备和信息技术，获取信息、加工处理信息及创造新信息的能力。具体地说，信息处理能力是指人们通过各种方法和技术查找、获取、分析和整理信息资源，以文本、数据、图像和多媒体等形式为媒介，对信息进行组织、传递和展示的能力。信息能力主要表现为获取信息的能力、识别信息的能力、运用信息工具的能力、表现信息的能力、处理信息的能力、创造信息的能力、发布与传递信息的能力几个方面。

1. 获取信息的能力

所谓获取信息的能力，是指对于给定的目标，能熟练地选择适当的方法，有效地获取信息的能力。有效获取信息有利于我们正确认识问题、理解问题、明确问题和解决问题。获取信息应基于给定的目标，选择一定的信息源，以实现信息的有效获取。获取信息时，还应注意及时评价获取信息的方法和效果。评价是实现有效获取信息的重要步骤。

2. 识别信息的能力

所谓识别信息的能力，是指从众多的信息中选择必要的信息，判断其内容，并从中引出适当信息的能力。随着信息技术的广泛应用，信息的发布、修改、传递变得越来越容易。浩瀚的信息资源往往良莠不齐，存在很多垃圾信息、有害信息，甚至是虚假信息，信息获取者往往需要对收集到的信息进行甄别，自觉抵御和消除垃圾信息、有害信息，摒弃虚假信息。

3. 运用信息工具的能力

能熟练使用各种常用信息收集、存储、传递、处理等设备工具和软件，特别是网络传播工具。

4. 表现信息的能力

所谓表现信息的能力，是指以一定的表现方法，采取一定的形式，对信息进行整理、表现的能力。在收集信息时，我们不仅要接受信息，还要善于表现信息，即能准确地概述、综合、改造和表述所需要的信息，使之简洁明了、通俗易懂且富有个性特色。

5. 处理信息的能力

所谓处理信息的能力，是指对收集到的信息，能通过适当的处理，读取其中隐含的、有意义的信息的能力。在我们阅读信息时，有些有意义的内容并不是显性的，需要我们对信息进行适当的处理后，从中读懂更为重要、更深层次的内容。

6. 创造信息的能力

所谓创造信息的能力，是指基于自己的认识、思考、研讨，产生新信息的生长点，去创造新信息的能力。信息社会是一种创新型的社会，创造信息对信息社会的发展具有重要的意义。如发表一篇论文，发表一篇演讲，撰写一份报告，拍摄一部电影等，都是基于自己的一些认识、思考所创造的新信息。

7. 发布与传递信息的能力

所谓发布与传递信息的能力，是指能基于信息接收者——受众的立场，在信息处理的基础上，对信息进行发布与传递的能力。信息社会的发展为人们提供了丰富的发布信息、传递信息的手段。例如，利用电视播放系统，特别是利用互联网，人们可以十分便利地发布、传递信息。发布、传递信息时，应根据受众的情况、特点，选择发布、传递信息的手段和形式。

（四）信息道德

信息道德是指个人在信息活动中的道德情操，能够合法、合情、合理地利用信息解决个人和社会所关心的问题，使信息产生合理的价值。特别是在基础教育阶段就应该培养学生正确的信息伦理道德修养，使他们能够遵循信息应用人员的伦理道德规范，不从事非法活动，也知道如何防止计算机病毒和其他计算机犯罪活动。

三、信息素养的培养

那么，如何对高职学生进行信息素养培养呢？良好的信息能力都有哪些表现呢？

（一）善于搜集有效信息

要形成良好的信息搜集意识，善于主动地利用多种渠道、多种方式，高效率地搜集、吸纳有效信息。一方面，要博学多才，能够迅速、有效地发现和掌握有价值的信息；另一

方面，要处处留意，及时记录、整理搜集到的信息。

（二）能正确整合信息资源

整合信息就是对搜集到的信息进行鉴别、分类、存储的过程。对于各种信息要善于筛选、分类、判断和选择，认真鉴别，加以取舍，去伪存真，去粗取精，消化、吸收有效信息。要注意了解信息的来源渠道，看其是否有较高的权威性，对"二手"信息应追根溯源，从而判断其真实性。

（三）能科学加工、运用信息

职业人要善于对自己所掌握的信息进行开发、加工，从中发现发展机遇和发展方向，以进行科学决策，指导工作的进行。滞后的信息将会因时差而减值，因此，职业人一定要增强信息敏感性，见微知著，做到见事早、行动快。

（四）始终恪守信息道德

对应该公开的信息，要本着公开透明的原则，让他人真正拥有信息知情权。对于涉密信息，必须做到守口如瓶，不该看的不看，不该问的不问，不该说的不说，时时处处确保涉密信息的安全。要尊重他人的劳动成果和知识产权，维护产权人的合法权益，遏制各种侵权行为的滋生和蔓延。要尊重隐私信息。隐私权是受法律保护的，作为职业人，应当尊重他人的隐私信息，不打探、不泄露、不宣扬。

现阶段，高职学生的信息素养，可着重培养其计算机应用能力，使其掌握计算机应用的一般操作，如 Windows 操作系统、Office、Internet、CSC 电子备课系统以及有关课程软件的性能与使用方法，以及 Frontpage、Authorware、Photoshop、Premiere 等平台组合与页面制作软件，并能进行初步的教学软件加工；可引导部分有学习需求的学生利用拓展模块掌握 C 语言、VB 语言、Java 语言、数据库、动画软件等开发软件，并能进行较高层次的软件开发。通过一系列举措提高学生的信息意识和素养，使其具备较强的运用信息工具的能力、获取信息的能力、处理信息的能力、存储信息的能力、信息协作的能力、信息免疫的能力、创造信息的能力和发挥信息作用的能力等，具备信息安全意识，充分体现公民的责任担当。

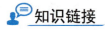知识链接

数字职业

2021 年 4 月 27 日，国家职业分类大典修订工作会议中提出，要重点关注和标识与数字经济、数字技术等密切相关的职业（以下简称"数字职业"）。

1. 数字职业的内涵

2021年5月,国家统计局公布《数字经济及其核心产业统计分类(2021)》,从数字产业化和产业数字化两个方面确定了数字经济的基本范围。数字职业是伴随着数字经济、数字技术出现的新职业类群,它不是某个具体职业称谓,而是以数字技术及其应用为表征,体现数字经济业态的一个职业范畴。

中国人事科学研究院课题组认为,数字技术产业化和产业技术数字化是判定数字职业的两个基本视角。数字技术产业化是指由数字技术衍生、拓展所形成的生产和服务组织方式,例如云计算、大数据等;产业技术数字化,是指由原生产技术和新兴技术嵌入了数字技术或与数字技术深度融合衍生、拓展所形成的生产和服务组织方式,例如智能制造、增材制造等。

课题组认为,凡是以云计算、人工智能、物联网等信息通信技术为基础,进行数字化及其语言表达(二进制)和信息传输以及数字化产品(服务)研究、设计、赋能、管控、应用、运维、操作的人员,均应包含在数字职业范畴之中。

2. 数字职业的特征

课题组认为数字职业具有以下特征。

(1)与数字经济业态发展相一致,数字职业涵盖数字技术产业化和产业技术数字化两个层次。其中,从事数字化及其语言表达(二进制)和信息传输的人员为核心层,从事数字化产品(服务)研究、设计、赋能、管控、应用、运维、操作的人员为关联层。

(2)数字职业是"职业簇""职业链"的概念。在《中华人民共和国职业分类大典》中,数字职业广泛分布于第二、第四以及第五、第六大类之中,集中于专业技术人员(第二大类)、社会生产服务和生活服务人员(第四大类)和生产制造及有关人员(第六大类)的职业领域。

(3)在数字素养公民化、全球化时代,标识为数字职业的从业者是需要经过系统教育或专门培训才能胜任工作的人员,即高度专业的数字人才。欧盟《2030数字罗盘》计划提出,到2030年使至少80%的成年人具备基本的数字技能;拥有2 000万数字技术领域的专业技术人员,对能"熟练使用数字技术劳动者"与标识为数字职业从业者进行了区分。

(4)数字职业能力素质的要求具有特殊规定性。以"数字"取代"信息"能够更加凸显现代信息技术区别于计算机出现之前广泛使用的电话、广播、电视等模拟通信技术的数字化本质;以Competence(能力)取代Literacy(汉语中通常译为"素养"),是因为前者相较后者更侧重于表达综合性能力与胜任力的含义。

3. 数字职业的分类

根据"职业活动所涉及的经济领域、知识领域以及所提供的产品和服务种类"（即中类、小类划分原则），可将数字职业分为专业技术、技术融合、技能改进 3 类。

（1）专业技术类。该类指在数字技术产业化过程中出现的职业，如云计算工程技术人员、大数据工程技术人员、区块链工程技术人员。其职业活动所涉及的经济领域、知识领域以及所提供的产品和服务种类具有系统性、专业性和不可替代性。

（2）技术融合类。该类指在产业技术与数字化技术融合发展中出现的职业，如智能制造工程技术人员。其职业活动所涉及的经济、知识领域及所提供的产品和服务种类没有改变，但原有的知识和技术嵌入或融合了数字技术的知识和技术。

（3）技能改进类。该类指随着数字技术产业化、产业技术数字化，在数字技术产品（服务）的应用、运维、操作中出现的职业，比如建筑信息模型技术员。其职业活动所涉及的经济领域、知识领域以及所提供的产品和服务种类没有改变，但工艺技术、使用的工具设备和数字技能水平已发生很大变化。

任务二　信息技术发展史

任务描述

信息与信息技术将推动人类社会现有生产关系发生变革，并促进未来国家的核心竞争力发生变化。本任务要求学生了解信息技术发展简史，了解信息技术发展趋势。

知识储备

一、信息技术发展简史

迄今为止，人类已经经历了五次信息技术的革命（简称信息革命），每次信息革命都是一次信息处理工具上的重大创新。

（一）语言的应用（使用语言）

语言是人类思维的工具，也是人类区别于其他高级动物的本质特征。同时，语言也是信息的载体，人类通过语言将大脑中存储的信息进行交流和传播，促进了人类文明的进程。

（二）文字的使用（使用文字）

文字的发明，使人类存储和传播信息的方式取得了重大的突破，让信息超越了时间和地域的局限性，得以延续久远。

（三）印刷技术的应用（使用印刷术）

印刷技术的广泛应用使书籍和报刊成为信息存储和传播的重要媒介，促进了人类文明的进步。

（四）电报、电话、广播、电视的发明和普及应用［使用有（无）线传播］

电报、电话、广播、电视这些发明创造使信息的传递手段发生了根本性的变革，大大加快了信息的传播速度，使信息得以在瞬间传遍全球。

（五）计算机的普及应用及计算机和现代通信技术的结合（使用网络通信）

随着计算机的普遍应用，微波通信、卫星通信、移动电话通信、综合业务数字网、国际互联网络等通信技术，以及通信数字化、有线传输光纤化、广播电视和因特网络融合等技术都得到了迅速发展，对人类社会产生了空前的影响，使信息数字化成为可能，信息产业应运而生。

二、信息技术发展趋势

信息技术未来十大发展变化趋势如下。

（一）超高清视频进入千家万户

超高清视频是指每帧像素分辨率在4K（一般为3840像素×2160像素）及以上的视频。4K、8K超高清视频的画面分辨率分别是高清视频的4倍和16倍，并在色彩、音效、沉浸感等方面实现全面提升，带来更具震撼力、感染力的用户体验。超高清视频与安防、制造、交通、医疗等行业的结合，将加速智能监控、机器人巡检、远程维护、自动驾驶、远程医疗等新应用新模式孕育发展，驱动以视频为核心的行业实现数字化、智能化转型。

（二）虚拟现实技术应用遍地开花

虚拟现实（Virtual Reality，VR）是融合应用了多媒体、传感器、新型显示、互联网和人工智能等多种前沿技术的综合性技术。虚拟现实技术已逐渐融入我国航天、航空、汽车等高端制造领域，将成为促进中国制造创新转型升级的新工具；与健康医疗、养老关

怀、文化教育等领域融合，将有效缓解医疗、养老、教育等社会公共资源不均衡问题，促进社会和谐发展。

（三）智能家居产品深入人心

智能家居产品，是指使用了语音交互、机器深度学习、自我调控等技术的智能家居产品，具有自然交互、智能化推荐等智能能力。智能音箱、智能电视、智能门锁、智能照明、智能插座、智能摄像头等智能家居硬件产品将更加普及，智能家庭控制系统将更加安全智能，将为居民提供更方便、更愉悦、更健康、更安全的生活体验。

（四）量子信息技术进入产业化阶段

量子信息技术是用量子态来编码、传输、处理和存储信息的一类前沿理论技术总称。量子信息技术的应用将主要集中于量子通信、量子计算、量子测量三大领域。其中，量子密钥分发是我国量子保密通信最典型的应用。

（五）5G 全产业链加速成熟

5G 即第五代移动通信技术。5G 的标志性能力指标为吉比特级（1 Gb/s）用户体验速率。展望未来，5G 全产业链将围绕超高清视频、虚拟现实、智能驾驶、智能工厂、智慧城市等创新应用领域，快速步入商用阶段。

（六）车联网方兴未艾

车联网是实现智能驾驶和信息互联的新一代汽车，具有平台化、智能化和网联化的特征。车联网产业的发展将促进汽车、电子、信息通信、道路交通运输等行业深度融合，"人-车-路-云"将实现高度协同。

（七）军民信息化融合日益紧密

"军民信息化融合"包含"军转民"与"民参军"两个层面，即军用信息技术在民用领域的拓展和将民营企业的先进信息技术运用于国防军事工业制造体系内。

（八）智能制造稳步推进

智能制造发展全面推进，生产方式加速向数字化、网络化、智能化变革，智能制造供给能力稳步提升。

（九）云计算潜力巨大

云计算应用从互联网行业向工业、农业、商贸、金融、交通、物流、医疗、政务等传统行业不断渗透。企业将信息系统向云平台迁移，利用云计算加快数字化、网络化、智能化转型。

(十) 大数据迭代创新发展

大数据计算引擎、大数据平台即服务（Platform as a Service，PaaS）及其工具和组件成为企业标配。工业大数据在产品创新、故障诊断与预测、物联网管理、供应链优化等方面将不断创造价值，持续引领工业转型升级。

任务三　信息伦理与职业行为自律

任务描述

本任务要求学生了解信息伦理的产生及信息伦理问题，了解与信息伦理相关的法律法规，自觉遵守信息技术领域个人行为规范和信息社会责任。

知识储备

在信息社会，现代计算机技术与网络技术等新一代信息技术的开发与应用是一把"双刃剑"：一方面，信息交换与传播的快速便捷和时空压缩等优势对经济社会的发展起到了积极的推动作用；另一方面，它又把社会带入一个全新的生存发展环境，网络复制及盗版传播、计算机黑客、网络犯罪、网络色情、网络攻击和暴力等已成为突出的法律和道德问题。

一、信息伦理概述

信息伦理学的形成是从对信息技术的社会影响研究开始的。信息伦理的兴起与发展根植于信息技术的广泛应用所引起的利益冲突和道德困境，以及建立信息社会新的道德秩序的需要。1986年，美国管理信息科学家R. O. 梅森提出信息时代有信息隐私权、信息准确性、信息产权及信息资源存取权等4个主要的伦理议题。至此，信息伦理学的研究发生了深刻变化，它冲破了计算机伦理学的束缚，将研究的对象明确地确定为信息领域的伦理问题，在概念和名称的使用上更是直接使用了"信息伦理"这个术语。

信息伦理又称信息道德，是指涉及信息开发、信息传播、信息管理和利用等方面的伦理要求、伦理准则、伦理规约，以及在此基础上形成的新型的伦理关系。它是调整人们之间以及个人和社会之间信息关系的行为规范的总和。

信息伦理包含主观、客观两个方面和信息道德意识、信息道德关系、信息道德活动3个层次的内容。

（一）两个方面

1. 主观方面

信息伦理的主观方面指人类个体在信息活动中，以心理活动形式表现出来的道德观念、情感、行为和品质，如对信息劳动的价值认同，对非法窃取他人信息成果的鄙视等，即个人信息道德。

2. 客观方面

信息伦理的客观方面指社会信息活动中人与人之间的关系以及反映这种关系的行为准则与规范，如扬善抑恶、权利义务、契约精神等，即社会信息道德。

（二）三个层次

1. 信息道德意识

信息伦理的第一个层次，包括与信息相关的道德观念、道德情感、道德意志、道德信念和道德理想等，是信息道德行为的深层心理动因。信息道德意识集中体现在信息道德原则、规范和范畴之中。

2. 信息道德关系

信息伦理的第二个层次，包括个人与个人的关系、个人与组织的关系、组织与组织的关系。这些关系是建立在一定的权利和义务的基础上，并以一定信息道德规范形式表现出来的，相互之间的关系是通过大家共同认同的信息道德规范和准则来维系的。

3. 信息道德活动

信息伦理的第三层次，包括信息道德行为、信息道德评价、信息道德教育和信息道德修养等。信息道德行为即人们在信息交流中所采取的有意识的经过选择的行动，信息道德评价即根据一定的信息道德规范对人们的信息行为进行善恶判断，信息道德教育即按一定的信息道德理想对人的品质和性格进行陶冶，信息道德修养则是人们对自己的信息行为的自我解剖、自我改造。信息道德活动主要体现在信息道德实践中。

二、信息技术领域个人行为规范

在信息技术领域，应注意的行为规范主要有以下几个方面。

（一）知识产权

1990年9月，我国颁布了《中华人民共和国著作权法》，把计算机软件列为享有著作权保护的作品；2001年12月，我国颁布了《计算机软件保护条例》，规定计算机软件是个人或者团体的智力产品，任何未经授权的使用、复制都是非法的，按规定要受到法律的制裁。人们在使用计算机软件或数据时，应遵照国家有关法律规定，尊重其作品的版权以及使用的数据来源合法合规，这是使用计算机的基本道德规范。建议大家养成良好的道德规范，具体要求做到以下几点。

（1）应该使用正版软件，坚决抵制盗版，尊重软件作者的知识产权。

（2）不对软件进行非法复制。

（3）不要为了保护自己的软件资源而制造病毒保护程序。

（4）不要擅自篡改他人计算机内的系统信息资源。

（二）计算机安全

计算机安全是指计算机信息系统的安全。计算机信息系统是由计算机及其相关的和配套的设备、设施（包括网络）构成的。为维护计算机系统的安全，防止病毒的入侵，我们应该注意以下几点。

（1）不要蓄意破坏和损伤他人的计算机系统设备及资源。

（2）不要制造病毒程序，避免使用带病毒的软件，更不要有意传播病毒程序。

（3）要采取预防措施，在计算机内安装防病毒软件；要定期检查计算机系统内文件是否有病毒，如发现病毒，应及时用杀毒软件清除。

（4）维护计算机的正常运行，保护计算机系统数据的安全。

（5）被授权者对自己享用的资源有保护责任，口令、密码不得泄露给外人。

（三）网络行为规范

计算机网络正在改变着人们的行为方式、思维方式乃至社会结构，它对于信息资源的共享起了巨大作用，并且蕴藏着无尽的潜能。但在它广泛的积极作用背后，也有使人堕落的陷阱，其主要表现在：网络文化的误导，传播暴力、色情内容，网络诱发着不道德和犯罪行为，网络的神秘性"培养"了计算机"黑客"，等等。

各个国家都制定了相应的法律法规，以约束人们使用计算机以及在计算机网络上的行为。

（1）我国公安部发布的《计算机信息网络国际联网安全保护管理办法》中规定任何单位和个人不得利用国际互联网制作、复制、查阅和传播下列信息：

· 煽动抗拒、破坏宪法和法律、行政法规实施的；

· 煽动颠覆国家政权，推翻社会主义制度的；

· 煽动分裂国家、破坏国家统一的；

- 煽动民族仇恨、破坏国家统一的；
- 捏造或者歪曲事实，散布谣言，扰乱社会秩序的；
- 宣扬封建迷信、淫秽、色情、赌博、暴力、凶杀、恐怖，教唆犯罪的；
- 公然侮辱他人或者捏造事实诽谤他人的；
- 损害国家机关信誉的；
- 其他违反宪法和法律、行政法规的。

(2) 在使用网络时，不侵犯知识产权，主要内容包括：

- 不侵犯版权；
- 不做不正当竞争；
- 不侵犯商标权；
- 不恶意注册域名。

(3) 其他相关行为规范：

- 不能利用电子邮件做广播型的宣传，这种强加于人的做法会造成别人的信箱充斥无用的信息而影响其正常工作；
- 不应该使用他人的计算机资源，除非得到了他人准许；
- 不应该利用计算机去伤害别人；
- 不能私自阅读他人的通信文件（如电子邮件），不得私自复制不属于自己的软件资源；
- 不应该到他人的计算机里去窥探隐私，不得蓄意破译别人的口令。

（四）个人信息保护

在信息技术领域，个人信息是指将个人数据进行信息化处理后的结果，它包含了有关个人资料、个人空间等方面的情况。个人资料包括肖像、身高、体重、指纹、声音、经历、个人爱好、医疗记录、财务资料、一般人事资料、家庭电话号码等；个人空间，也称私人领域，是指个人的隐秘范围，涉及属于个人的物理空间和心理空间。个人信息的特点是隐私性、个体性。

目前世界上已有50多个国家制定了有关个人信息保护的法律法规，欧洲各国也缔结了与个人信息保护有关的国际公约。

在信息技术条件下，保护个人信息要做到以下几点。

(1) 要防范用作传播、交流或存储资料的光盘、硬盘、软盘等计算机媒体泄密。

(2) 要防范联网（局域网、因特网）泄密，例如不要在即时通信工具中泄露个人的银行账号、电子邮箱的密码等，不要在没有安全认证的网站上进行电子商务交易、银行资金交易等。在申请电子邮箱、下载图片铃声、注册进入聊天室时，填写的个人信息有可能被泄露。网络上的一些"间谍"病毒，不仅可以收集用户访问过的网站等信息，甚至还可以盗取用户银行账户密码。每天做好计算机病毒的防毒、查毒、杀毒工作。对设备密码做好保密工作，不向无关人员泄露，定期修改系统密码，以增加系统的安全性。

（3）要防范、杜绝计算机工作人员在管理、操作、修理过程中造成的泄密。

（4）在保护自己的个人信息的同时，也不得向无关人员提供或出售个人信息，不要在没有保密的条件下传送这些信息的电子档案。不得利用自己掌握的个人信息，通过信息技术手段进行手机短信的滥发、电子邮件广告宣传、传真群发、电话骚扰等。

三、信息社会中人的责任

在信息社会中，虚拟空间与现实空间并存，人们在虚拟实践、交往的基础上，发展出了新型的社会经济形态、生活方式以及行为关系。信息社会责任是指信息社会中的个体在文化修养、道德规范和行为自律等方面应尽的责任。每个信息社会成员都需要明确其身上的信息社会责任。

（一）遵守信息相关法律

法律是最重要的行为规范系统，信息相关法律凭借国家强制力，对信息行为起强制性调控作用，进而维持信息社会秩序，具体包括规范信息行为、保护信息权利、调整信息关系、稳定信息秩序。

2017年6月，我国开始实施的《中华人民共和国网络安全法》是为了保障网络安全，维护网络空间主权和国家安全、社会公共利益，保护公民、法人和其他组织的合法权益，促进经济社会信息化健康发展而制定的法律。其中的第十二条明文规定：任何个人和组织使用网络应当遵守宪法法律，遵守公共秩序，尊重社会公德，不得危害网络安全，不得利用网络从事危害国家安全、荣誉和利益，煽动颠覆国家政权、推翻社会主义制度，煽动分裂国家、破坏国家统一，宣扬恐怖主义、极端主义，宣扬民族仇恨、民族歧视，传播暴力、淫秽色情信息，编造、传播虚假信息扰乱经济秩序和社会秩序，以及侵害他人名誉、隐私、知识产权和其他合法权益等活动。

（二）恪守信息社会行为规范

法律是社会发展不可缺少的强制手段，但是信息相关法律能够规范的信息活动范围有限，对于高速发展的信息社会环境而言，每个人提高自身素质，进行自我约束必不可少，只有每个人都约束好自己，网络环境才能清明。

(三) 杜绝网络暴力

在互联网上，每个网民都可以到不同的站点用匿名的方式发表自己的思想、主张，其中不文明用语屡见不鲜，各种无视事实的"网络喷子"层出不穷，导致网络空间"乌烟瘴气"。此外，一则信息可能在短短几分钟内传播至数千乃至上万人。如果信息不实，可能会误导网民；即使信息本身是真实的，网上批评和非议也很可能形成网络暴力，造成对当事人的过度审判。

当面对未知、疑惑或者两难局面时，扬善避恶是最基本的出发点，其中的"避恶"更为重要。每个网民都要从自身做起，如同在真实世界中一样，做事前要审慎思考，杜绝对国家、社会和他人的直接或间接危害。

(四) 积极应对人文挑战

随着现代科学技术的发展，人们所关注的道德对象逐渐演化为人与自然、人与操作对象、人与他人、人与社会及人与自我5个方面，还可进一步细分为人与信息、人与信息技术（媒体、计算机、网络等）等复杂的关系。

信息科技革命所带来的环境变化与人文挑战已在我们身边悄然发生，也已受到越来越多的关注。信息科技的发展是以推动社会进步为目的的。如何在变革中保留文化传承，并持续发扬光大，进而维护人、信息、社会和自然的和谐，是每个信息社会成员需要思考的问题。

四、与信息伦理相关的法律法规

在信息领域，仅仅依靠信息伦理并不能完全解决问题，还需要强有力的法律做支撑。因此，与信息伦理相关的法律法规就显得十分重要。有关的法律法规与国家强制力的威慑，在信息领域不仅可以有效地打击造成严重后果的行为者，还可以为信息伦理的顺利实施构建一个较好的外部环境。

当前从整个世界范围来看，网络安全威胁不断增加，信息安全问题日益突出。网络黑客、互联网诈骗、侵犯个人隐私等让很多人"中招"。互联网上的不道德信息可以归纳为以下5种类型：

（1）色情信息。色情信息对普通人特别是未成年人的身心健康有毒害作用。

（2）诈骗信息。常见的诈骗信息包括购物诈骗、中奖诈骗、冒充他人诈骗、商业投资诈骗及网上交友诈骗等。

（3）恐怖信息。恐怖信息是指利用互联网编造的爆炸威胁、生物威胁、放射威胁等恐怖信息。

（4）垃圾信息。垃圾信息是指那些为数众多而又没有什么价值的信息。

（5）隐私信息。隐私信息是指未经他人允许而披露的有关他人隐私的信息。

信息化的深入发展使包括人们身份信息和行为信息在内的各类信息变得更透明、更对称、更完整，大幅提升了对悖德行为乃至违法犯罪行为的防控、识别、监督、追究与惩处能力。例如，居民身份证存储着居民个人信息并实现全国联网，入住酒店、乘坐交通工具、购置房产以及其他一些有必要知晓行为人身份的行为或业务往来，都要求提供身份证明；政府部门借助发达的网络和信息传递技术，广泛而及时地向人们公布、推送失信人或其他违法犯罪分子的相关信息；重要公共场所安装高清摄像头，有的场所则配置更为先进的人脸识别设备。这使得悖德行为者及违法犯罪分子处于无所不在的监控之下而无处遁形，促使人们更审慎地权衡利弊并尽可能地减少、规避失信行为或其他违法犯罪行为，有效维护、巩固和增进以诚信为基础的主流伦理道德。

我国惩治信息安全犯罪的现行主要法律有《中华人民共和国刑法》《全国人民代表大会常务委员会关于维护互联网安全的决定》《中华人民共和国网络安全法》等。2021年11月1日起，《中华人民共和国信息保护法》正式实施，其中明确：①通过自动化决策方式向个人进行信息推送、商业营销应提供不针对其个人特征的选项或提供便捷的拒绝方式；②处理生物识别、医疗健康、金融账户、行踪轨迹等敏感个人信息，应取得个人的单独同意；③对违法处理个人信息的应用程序，责令暂停或者终止提供服务。《中华人民共和国信息保护法》连同已经实施的《中华人民共和国数据安全法》《中华人民共和国网络安全法》，三者共同构成了我国在网络安全和数据保护方面的法律"三驾马车"。

2019年1月1日起，《中华人民共和国电子商务法》正式施行。该法是调整我国境内通过互联网等信息网络销售商品或提供服务等经营活动的专门法，为电子商务发展提供了法治保障。到目前为止，《中华人民共和国民法典》《中华人民共和国计算机信息网络国际联网管理暂行规定实施办法》《中华人民共和国传染病防治法》等都对个人信息保护进行了规定，这对于个人信息的保护发挥了重要作用。

作为新一代大学生，应该做到自觉遵守以上法律法规，工作和生活中能够用法律保护自己，同时为维护信息社会的和谐秩序出一份力。

思考练习

一、选择题

1. 在信息化社会，（　　）不能保护我们自己的个人隐私。

A. 自己的任何证件绝不外借

B. 参与用微信或支付宝扫码就领取相关礼品的活动

C. 不随意留个人电话和真实姓名

D. 及时涂抹快递的签名

2. 在构成信息安全威胁的其他因素中，不包括(　　)。

A. 黑客攻击　　　　　　　　　　B. 病毒传播

C. 网络犯罪　　　　　　　　　　D. 宣传自己的图书

3. (　　)是指在信息的生产、存储、获取、传播和利用等信息活动各个环节中，用来规范相关主体之间相互关系的法律关系和道德规范的总称。

A. 信息知识　　　B. 信息能力　　　C. 信息意识　　　D. 信息伦理

4. 保障信息安全最基本、最核心的技术是(　　)。

A. 信息加密技术　　B. 信息确认技术　　C. 网络控制技术　　D. 反病毒技术

二、填空题

1. 信息素养是个体能够认识到需要信息，并且能够对信息进行检索、评估和有效利用的能力。它包括_____、_____和信息技能3个层面。

2. 迄今为止，人类已经经历了_____次信息革命。

3. 信息伦理包含主观、客观两个方面和信息道德意识、_____、_____ 3个层次的内容。

4. 在信息领域，仅仅依靠信息伦理并不能完全解决问题，还需要强有力的_____做支撑。

三、简答题

1. 信息能力包括哪几个方面？

2. 当代大学生该培养哪些良好信息素养？

四、操作题

1. 收集侵犯个人信息的典型案例，试分析出现问题的原因，提出防范措施。

2. 收集法律规范中关于网络行为的禁止性条款，说说如何维护网络的风清气正。

参考答案

一、选择题

1. B　2. D　3. D　4. A

二、填空题

1. 文化素养、信息意识

2. 5

3. 信息道德关系、信息道德活动

4. 法律

三、简答题

略

四、操作题

略

项目一拓展工单 文档处理

任务实施表——编制企业生产计划表

班级		组别	
学生姓名		学号	
任务情景	表格是组织文档信息的一种好方法,可将文字、数据、编号、项目符、对象等多类信息,以简洁的方式组织布局在一张表格中,使信息一目了然,在各种生产、营销、管理工作中和人们的日常生活中得到广泛应用。 　　企业生产计划表是根据销售预测和物料需求计划,制订的具体生产安排,包括各个产品的生产数量、生产时间等信息。通过学会编排生产计划表,可以更好地掌握生产进度,确保生产计划的顺利进行。作为生产部门经理,你要编制一份××年××月的生产计划表。要求:计划表中包括销售订单方面信息:订单号、交付日期、业务员等。生产制造方面信息:线体、产能、关键零件、上线日期、完工日期。产品型号信息:平台、产品库存、历史销售等		
任务目标	1. 能使用 Word 进行学习及办公 2. 能熟练进行表格编制 3. 体验实践出真知的道理,培养实验精神和创新思维		
任务要求	1. 编制生产计划表结构 (1) 新建和保存生产计划表文档 (2) 设置文档页面格式 (3) 插入表格 (4) 调整表格行高和列宽 (5) 合并和拆分单元格 (6) 设置课表边框 2. 输入生产计划表内容 3. 设置生产计划表内容格式 (1) 设置生产计划表内容字体和段落格式 (2) 设置单元格底纹 4. 制作"多栏斜线表头"对象 5. 将编制完成的生产计划表保存		
知识点	1. 表格结构设计 2. 生成表格网格 3. 表格的选择方法 4. 表格结构调整 5. 表格内容编辑 6. 表格数据计算和排序 7. 设置表格线和单元格底纹 8. 表格样式及应用 9. 绘制多栏斜线表头		

续表

总结与收获	

实施过程记录表

序号	操作内容	遇到的问题	解决方法
1.			
2.			
3.			
4.			
…			

任务评价表

评价项目	评价内容	分值	评价分值		
			自评	互评	师评
职业素养考核项目	考勤、仪容仪表	5			
	团队交流与合作意识	5			
	创新意识、纪律意识	5			
专业能力考核项目	积极参与教学活动	10			
	正确理解任务要求	5			
	认真搜集并积极讨论相关资料	5			
	任务实施过程记录表的完成度	20			
	对 Word 的基础操作的掌握度	20			
	对实训内容的完成度	25			
合计：综合分数_____（自评×20%+互评×20%+师评×60%）		100			
综合评价：					
备注：					

项目二拓展工单　电子表格处理

任务实施表——创建医院住院病人管理表

班级		组别	
学生姓名		学号	
任务情景	Excel 表格是一款功能强大的电子表格处理软件，可以管理账务、制作报表、分析数据，或者将数据转换为直观的图表等，广泛应用于财务、统计、经济分析等领域。 信息化飞速发展的今天，采用计算机管理信息系统已成为医院管理科学化和现代化的标志，给医院带来了明显的经济效益和社会效益，也给人们就医带来非常大的便利。在医院实习的你需要配合同事创建"医院住院病人管理系列表"工作簿文件。要求：该系列表包括入院登记表、费用表、出院登记表、统计分析、图表共 5 张工作表		
任务目标	1. 能熟练使用 Excel 2. 培养独立思考、培养团结协作的精神		
任务要求	1. 创建工作簿、工作表，并录入原始数据 2. 在"费用表"中计算报销比例、合计、医保报销、结余所在列，医保状况、预交费用从"入院登记表"中复制。计算公式、原则说明如下： 　（1）报销比例：城镇职工，80%；城镇居民，55%；新农合，30%；无，0% 　（2）合计＝检查费+中药+西药+护理费+诊疗费+床位费+其他 　（3）医保报销＝合计×报销比例 　（4）结余＝预交+医保报销−合计 3. 在"出院登记表"中，计算住院天数，统计各类"转归"人数，并绘制转归人数统计比例图（复合条饼图） 4. 建立"统计分析工作表"，并对该工作表进行数据透视 5. 建立"住院费用分析表"，并绘制住院费用分析统计图（带数据标记的折线图）		
知识点	1. 创建工作簿 2. 各种类型数据的输入 3. 工作表格式设置 4. 工作表的操作 5. 公式与函数的运用 6. 数据排序 7. 自动筛选和高级筛选 8. 数据的分类汇总 9. 数据透视表及数据透视图		
总结与收获			

实施过程记录表

序号	操作内容	遇到的问题	解决方法
1.			
2.			
3.			
4.			
…			

任务评价表

评价项目	评价内容	分值	评价分值		
			自评	互评	师评
职业素养考核项目	考勤、仪容仪表	5			
	团队交流与合作意识	5			
	创新意识、纪律意识	5			
专业能力考核项目	积极参与教学活动	10			
	正确理解任务要求	5			
	认真搜集并积极讨论相关资料	5			
	任务实施过程记录表的完成度	20			
	对 Excel 的相关操作的掌握度	20			
	对实训内容的完成度	25			
合计：综合分数_____（自评×20%+互评×20%+师评×60%）		100			
综合评价：					
备注：					

项目三拓展工单　演示文稿制作

任务实施表——制作新车试驾策划方案PPT

班级		组别	
学生姓名		学号	
任务情景	PowerPoint是用来设计、制作信息展示领域（如演讲、做报告、各种会议、产品演示、商业演示等）的电子演示文稿。 为了助力实现我国"碳达峰、碳中和"目标，某新能源汽车公司准备组织一次新能源汽车"新车试驾"活动，市场营销专业毕业的员工小李负责这个活动的策划，请你根据小李的设计，制作一份图文并茂的动态演示文稿向公司负责人汇报		
任务目标	1. 掌握演示文稿内容制作及放映 2. 培养发现美和创造美的能力，提高审美情趣		
任务要求	1. 启动PowerPoint 2. 新建演示文稿。至少包含6张幻灯片，分别是封面、试驾地点介绍、参与媒体、路线介绍、试驾说明和公司简介 3. 编辑幻灯片 4. 美化幻灯片 5. 制作动态效果。利用"动画"和"切换"两个功能区制作"动态效果"，让演示文稿生动活泼 6. 设置超链接和动作按钮，控制播放流程 7. 以"新能源汽车试驾策划方案.pptx"文件名保存 8. 打包演示文稿		
知识点	1. 演示文稿的新建、打开、保存、退出 2. 幻灯片的插入、复制、移动、删除 3. 插入表格、图片、智能图形、音频或视频文件 4. 对幻灯片中的对象设置动画效果 5. 设置前、后幻灯片之间的切换方式 6. 排练计时 7. 放映方式设置 8. 打包演示文稿		
总结与收获			

实施过程记录表

序号	操作内容	遇到的问题	解决方法
1.			
2.			
3.			
4.			
…			

任务评价表

评价项目	评价内容	分值	评价分值		
			自评	互评	师评
职业素养考核项目	考勤、仪容仪表	5			
	团队交流与合作意识	5			
	创新意识、纪律意识	5			
专业能力考核项目	积极参与教学活动	10			
	正确理解任务要求	5			
	认真搜集并积极讨论相关资料	5			
	任务实施过程记录表的完成度	20			
	对 PPT 的相关操作的掌握度	20			
	对实训内容的完成度	25			
合计：综合分数_____（自评×20%+互评×20%+师评×60%）		100			
综合评价：					
备注：					

项目四拓展工单　信息检索

任务实施表——搜索出行乘车方案并发送到邮箱

班级		组别	
学生姓名		学号	
任务情景	互联网是当今世界上最大的信息库，其中的信息资源浩如烟海。准确、快速地从互联网这个信息和资源的"海洋"里获取所需的信息资源，已经成为人们适应互联网时代的必备技能。 　　你和同事一行计划下周从广州出发去北京，拜访清华大学的王教授，为了践行绿色出行，你们打算选择高铁+公交的出行方式。出行前一周你需要搜索好乘车方案，并发送到同事们的邮箱		
任务目标	1. 熟练检索网络信息 2. 具备一定的信息免疫力，能自觉抵御和消除垃圾信息及有害信息的干扰和侵蚀		
任务要求	1. 打开中国铁路客户服务中心主页 2. 查询列车时刻表 3. 保存相关截图 4. 打开8684公交网 5. 查询最佳公交乘车方案 6. 将图片保存 7. 整理好出行方案并用邮件发送到他人邮箱		
知识点	1. 了解Internet 2. 搜索引擎的使用技巧 3. 下载网络资源 4. 电子邮件的使用		
总结与收获			

实施过程记录表

序号	操作内容	遇到的问题	解决方法
1.			
2.			
3.			
4.			
…			

任务评价表

评价项目	评价内容	分值	评价分值		
			自评	互评	师评
职业素养考核项目	考勤、仪容仪表	5			
	团队交流与合作意识	5			
	创新意识、纪律意识	5			
专业能力考核项目	积极参与教学活动	10			
	正确理解任务要求	5			
	认真搜集并积极讨论相关资料	5			
	任务实施过程记录表的完成度	20			
	对搜索引擎使用和邮件发送的掌握度	20			
	对实训内容的完成度	25			
合计：综合分数_____（自评×20%+互评×20%+师评×60%）		100			
综合评价：					
备注：					

项目五拓展工单　新一代信息技术

任务实施表——安装"学习强国"App 并使用

班级		组别	
学生姓名		学号	
任务情景	"学习强国"是一个强大的学习平台,它依托发达的互联网和移动通信技术,设计科学、内容权威、内涵丰富、操作简单,具有很强的思想性、新闻性、综合性,为基层党员群众学习党的思想理论带来了极大的方便,并同时推出了 PC 端和手机客户端。请你在自己的手机上安装"学习强国"App 并进行日常使用			
任务目标	1. 掌握手机安装 App 技能 2. 通过对典型前沿信息技术应用产品的体验,培养个人自信心及民族自豪感			
任务要求	1. 下载"学习强国"App (1) 在手机应用商店中搜索"学习强国" (2) 将 App 下载安装到手机 2. "学习强国"App 注册 (1) 单击打开"学习强国"App,进入注册页面 (2) 同意相关协议 (3) 填写真实信息,完成注册 3. "学习强国"App 日常学习			
知识点	1. 移动通信 2. 5G 3. 数字媒体			
总结与收获				

实施过程记录表

序号	操作内容	遇到的问题	解决方法
1.			
2.			
3.			

续表

序号	操作内容	遇到的问题	解决方法
4.			
…			

任务评价表

评价项目	评价内容	分值	评价分值		
			自评	互评	师评
职业素养考核项目	考勤、仪容仪表	5			
	团队交流与合作意识	5			
	创新意识、纪律意识	5			
专业能力考核项目	积极参与教学活动	10			
	正确理解任务要求	5			
	认真搜集并积极讨论相关资料	5			
	任务实施过程记录表的完成度	20			
	对手机下载和使用App的掌握度	20			
	对实训内容的完成度	25			
合计：综合分数_____（自评×20%+互评×20%+师评×60%）		100			
综合评价：					
备注：					

项目六拓展工单　信息素养与社会责任

任务实施表——使用杀毒软件保护电脑安全

班级		组别	
学生姓名		学号	
任务情景	对于普通用户而言，防范计算机病毒、保护计算机有效、直接的措施是使用第三方软件。一般使用两类软件即可满足用户保护计算机的需求，一是安全管理软件，如QQ电脑管家、360安全卫士等；二是杀毒软件，如360杀毒和百度杀毒等。 　　入职一段时间后，你打算使用360杀毒软件快速扫描计算机中的文件，然后清理有威胁的文件；接着在360安全卫士（旗舰版）软件中对计算机进行体检，修复后再扫描计算机，检查计算机中是否存在木马病毒		
任务目标	1. 能用第三方信息安全工具解决常见的安全问题 2. 建立信息安全意识和防护能力，能识别常见的网络欺诈行为 3. 提升"网络安全为人民，网络安全靠人民"的网络安全意识		
任务要求	1. 安装360杀毒软件 2. 选择扫描方式 3. 扫描文件 4. 清理文件 5. 电脑体检 6. 修复系统		
知识点	1. 计算机病毒的预防和清除 2. 安全防御技术 3. 网络安全策略		
总结与收获			

任务评价表

评价项目	评价内容	分值	评价分值		
			自评	互评	师评
职业素养考核项目	考勤、仪容仪表	5			
	团队交流与合作意识	5			
	创新意识、纪律意识	5			
专业能力考核项目	积极参与教学活动	10			
	正确理解任务要求	5			
	认真搜集并积极讨论相关资料	5			
	任务实施过程记录表的完成度	20			
	对使用杀毒软件的掌握度	20			
	对实训内容的完成度	25			
合计：综合分数_____（自评×20%+互评×20%+师评×60%）		100			
综合评价：					
备注：					

参考文献

[1] 赵莉,谷晓蕾.信息技术(基础模块)[M].北京:电子工业出版社,2023.

[2] 肖珑.信息技术基础[M].北京:高等教育出版社,2022.

[3] 眭碧霞.信息技术基础(第2版)[M].北京:高等教育出版社,2021.

[4] 史小英,张敏华.信息技术上机指导与习题集[M].北京:人民邮电出版社,2021.

[5] 刘云翔,王志敏.信息技术基础与应用[M].北京:清华大学出版社,2020.

[6] 夏冀,马春红,王林浩.信息技术(基础模块)[M].北京:航空工业出版社,2020.

[7] 陈开华,王正万.计算机应用基础项目化教程[M].北京:高等教育出版社,2020.

[8] 杨竹青.新一代信息技术导论[M].北京:人民邮电出版社,2020.

[9] 谈大双,付媛媛,雷松丽.大学信息素养[M].北京:人民邮电出版社,2020.

[10] 陈红松.网络安全与管理[M].2版.北京:清华大学出版社,2020.

[11] 未来教育.全国计算机等级考试模拟考场·二级MS Office高级应用[M].成都:电子科技大学出版社,2020.

[12] 高万萍,王德俊.计算机应用基础教程(Windows 10,Office 2016)[M].北京:清华大学出版社,2019.

[13] 石志国.计算机网络安全教程[M].3版.北京:清华大学出版社,2019.

[14] 杨云川,杨晶,王清晨,孙蔚.信息元素养与信息检索[M].北京:电子工业出版社,2018.

[15] 刘远生,李民,张伟.计算机网络安全[M].3版.北京:清华大学出版社,2018.

[16] 张振花,田宏团,王西.多媒体技术与应用[M].北京:人民邮电出版社,2018.

[17] 陈玉琨,汤晓鸥.人工智能基础[M].上海:华东师范大学出版社,2018.

[18] 刘韩.人工智能简史[M].北京:人民邮电出版社,2017.

[19] 刘云翔,王志敏,黄春华,等.计算机应用基础[M].3版.北京:清华大学出版社,2017.

[20] 胡尚杰,李深,杨文利,等.计算机应用基础项目化教程(Windows 10+Office 2016)[M].北京:中国铁道出版社,2017.

[21] 林子雨.大数据技术原理与应用[M].2版.北京:人民邮电出版社,2017.